*Rich*致富*296*

花輪哥帶你買翡翠
國際珠寶鑑定大師首傳翡翠
鑑定、選購、投資全套心法

黃傑齊（花輪哥）◎著

高寶書版集團

過去的 30 年來，翡翠價格年年上漲，

縱使金融風暴之年也未曾下跌，

我衷心的建議，只要有機會看到自己喜歡的翡翠，

就趕緊下手購買吧！

—黃傑齊（花輪哥）—

作者序

最近我到家裡附近熟識 10 多年的飯館晚餐，一推開門就是高朋滿座的景象映入眼簾，老闆娘一看到我，立即從櫃檯起身出來，把我拉到旁邊，還特別挪了個靠牆角的座位給我。

在這麼個開放的公共空間，她壓低聲音小聲的說：「5 年前，我按照你跟我說的去買翡翠，陸陸續續地購買了一些，像這件買價 10 萬元、這一件 30 萬元、這一件是 55 萬元……，總共有 11 件，購買的總金額是 320 萬元。可不可以幫我看看，現在的價位值多少？」

她小心翼翼的，從袋子裡掏出所購買的翡翠，一一放置在桌上，請我幫忙鑑價。

我快速的瀏覽了一遍，告訴她：「這件 50 萬元、那件 70 萬元……總共 9 件，合計 520 萬元，可是還有兩件在哪呢？」

她回我說：「那兩件已在上週用雙倍的價錢賣回給了原店家，大約賺了 25 萬元；這兩天店家又打電話來，說要跟我全部買回去，你看現在要不要賣呢？」

這就是我近年常常遇到的狀況之一。

鑑寶節目爆紅，民間需求若渴

過去幾年，我以「花輪哥」的名號在寶石鑑定節目中「敲

槌」（鑑價）的次數不下二千次，一開始是受邀上節目的藝人楊繡惠開玩笑，說我像卡通《櫻桃小丸子》裡的花輪，漸漸地，「花輪哥」這個名稱反而取代了我的本名黃傑齊。

由於寶石鑑定是一項專業又專精的知識與技術，算是各種行業別裡較為冷門的一類，但自節目開播以來，快速的受到觀眾支持與喜愛，讓寶石鑑定、鑑價的節目進入「長紅」階段，各個電視台也紛紛來邀約，我上過的節目從年代、三立、民視到東森，都創下傲人的收視率，這同時也代表著，民眾普遍對寶石鑑定知識需求若渴。

鬼使神差，無心插柳

事實上，走到螢光幕前真的是無心插柳，當初製作單位打電話到所裡，主要是要請一位女性鑑定師上節目，所裡同仁就將電話轉給同為鑑定師的我的太太，而她因鑑定所公務繁忙抽不開身，推我去代打。我原想只要錄一集而已，沒想到那一集節目的收視率卻異常地好，於是製作單位便邀請我成為寶石鑑定節目的固定班底，加上「花輪哥」的名號加持，我的錄影集數就從一周一次、二次到每週四天都在播出。

太太常打趣我是個「人來瘋」，私底下是一個樣子，站在攝影棚內又是一個樣子，我自己也覺得奇怪，只要一聽到「五、四、三、二……」，腎上腺素就「風起雲湧」，鏡頭燈一亮我就「花輪哥」上身來勁了，這也算是老天爺在壯年期給我賞的飯吃吧?!

翡翠玉石，門裡門外

西方人喜愛鑽石，東方人鍾情於玉石（尤其是翡翠），如果說鑽石的光芒象徵著「奔放熱情」，那麼翡翠的溫潤則傳遞著「含蓄內斂」，與東方人的「氣質」更為相近，這應該就是東方人鍾情於翡翠的原因之一吧。

也就是因為有那麼多人喜愛翡翠，所以每回與朋友聚會時，總會有些「巷子裡的問題」會跑出來，比方：「我買的是A貨嗎？」「玉要怎麼看？」「我買的價格會貴嗎？」等等。這意味著寶石學這門知識對大家來說太遠了，雖然有許多忠實粉絲會鎖定每天的節目「看電視做功課」，不過，坊間假貨充斥，加上精益求精的造假技術，讓贗品幾可亂真，如果沒有一點基本的寶石鑑定知識，真的很容易成為冤大頭。

鑽石有價格，普及化第一；
翡翠無價格，糾紛頻頻傳

買過鑽石的人都知道，鑽石是有國際標準價格的，但是很少人知道，在1977年之前，鑽石的交易價格相當紛亂。先是由賣家漫天喊價，喊出的售價甚至超過現在鑽石價格3倍以上的比比皆是，整個鑽石的成交價格非常紛亂分歧。直到1978年，鑽石業訂定國際統一的鑽石價格表後，使得鑽石的交易，在買進與賣出之間，有了價格依據。

鑽石商品如此的正面導向，使得鑽石的銷售量節節高升，

達到普及化程度，這也就是鑽石在現今成為世界上銷售量最高的寶石的原因。

　　翡翠的價格依據，則是以緬甸每年舉辦的「公盤」拍賣交易價格為基準，再以大陸地區翡翠雕刻工藝的價值性、世界拍賣公司的拍賣價格等浮動的參考值，來決定翡翠的市場價格。但是這一價格，長期以來沒有被規制化，以致翡翠交易市場直至現在，仍是以「漫天要價、就地還錢」的方式在進行交易。

　　基於以上原因，沒有專業知識或市場經驗的珠寶商，在選購翡翠進貨時，就無法有一定的依據，而是以自身的經驗值來挑選翡翠種類及對價格的自我判斷。這樣的結果，造成不同的

受邀參加珠寶玉石投資買賣講座

珠寶商，在選購翡翠的成本上大相逕庭，自然而然對於翡翠商品的訂價也就完全不一樣了。

珠寶鑑定師，要有正面的社會責任

十幾年前，我有個經營珠寶店的學生，同時掌管著三間位在不同區域的珠寶店，在這三間珠寶店內分別擺設了同類型的翡翠，訂價不僅不同，而且高低落差很大。

他說，鑽石的標準已被規格化，因此業界在買賣鑽石的價格上，都是有一定的參考數值，縱使有所不同也相差不遠。

但是翡翠卻會因區域性的不同，訂定出的價格高低幅度很大，往往在同一時期裡，賣相雷同的翡翠，可能在不同的區域銷售，會出現落差很大的銷售價格。他告訴我：「珠寶商銷售商品靠的是店員的話術，賺的是與銷費者『資訊不對等』的錢，所以店員本身對產品是否具備專業知識，在銷售上就不是最重要的了。」

這是早期珠寶買賣業的普遍現象，但如今先是有了網路的訊息傳遞，後有電視節目的資訊公開，許多事實真相陸續浮出檯面，讓消費者購買前會做足功課，更積極的是要求店家將商品送往鑑定所鑑定，此結果讓買賣糾紛逐漸減少，也讓珠寶交易簡單許多，這都應該歸功於電視節目宣導的力量。

而身為一位受人矚目的珠寶玉石鑑定師，就更應該維持自身中立的立場，不介入珠寶買賣，心裡抱持的是提供社會正面的意義，以及維護一定的社會責任，如此才能夠對得起社會大眾。

《花輪哥帶你買翡翠》鎖定東方人最愛的「翡翠」，以深入淺出的方式，完整介紹翡翠的定義、價值及挑選、鑑定技巧；同時將我在電視節目中無法詳述的內容，在這本書中一次補足。希望透過這趟「文字微旅行」，可以滿足消費者對於翡翠玉石的所有好奇心，更重要的是，教你買對不買貴，而且世代相傳，價值年年倍增。

司法院的法官、檢察官、公設辯護人的珠寶鑑定研習會講師聘書

目錄

目錄

PART **4**

聰明消費：花輪哥首傳的獨門買賣絕學

PART 5

不能說的祕密：鑑定所與鑑定證書

PART 1

認識翡翠
翡翠的市場概況與行情

引言

　　在我節目上的來賓，常常都會提及自己買下這個寶石的過程，也期待從我的口中聽到，自己收藏的翡翠確實是價值連城。大家之所以期待，無非是因為當初翡翠商人在推薦這個翡翠的當下，講得彷若稀世珍寶，稀有得彷彿「此石只應天上有」。既然當時是花大錢買下，自然希望它具有極高的收藏價值。

　　中國人喜歡收藏寶石，尤其是翡翠。但是翡翠種類不同，收藏價值自然有所不同。想要收藏翡翠，首重是要買對不要買錯。

〈女人要有錢〉鑑定節目

〈夢想街 57 號〉在北港朝天宮的外景鑑定

在進入本章的主題之前，我要先講一個真實故事。

1993-1994 年，有位到大陸經營製鞋廠的台商王先生透過熟人介紹，認識了一位大陸玉石加工廠的林老闆。王先生雖然對玉石買賣是個大外行，但是生意人的敏銳嗅覺，還是讓他嗅到了玉石買賣的商機；再加上他聽說林老闆常將各類的古玉、新玉運到位於洛杉磯的店面銷售，生意不俗。所以在觀察大半年後，王先生決定跟林老闆合資成立公司。

當年，大陸方跟外資方合資的比例是各持 50%，而且多是大陸人擔任董事長，外資方擔任總經理。當時台商王先生一口氣投資 200 萬人民幣，然而對方的 200 萬卻遲遲沒有出現，只是拿了王先生的 200 萬請了很多工人，建置了玉雕廠房。

由於當初雙方談定的合作項目只限於工廠合資，不包含玉石來源，事情做下去以後才發現問題層出不窮。直到王先生把對方進口的「玉石」拿去鑑定以後，才知道原來對方所謂的「玉石」只是大陸當地出產的蛇紋石，這種寶石只能在中國內地銷售，要外銷的難度相當高。

對此，王先生認為林老闆根本是詐騙，但林老闆卻不這麼認為，因為他認定他們當初合作的項目，就說的是「岫岩玉」，而不是閃玉或珠寶店裡賣的翡翠（緬甸玉）。

這個故事告訴我們，對外行人來說，玉石這個名詞聽起來甚至看起來都是一個樣，想要進入這個產業，一定要先考慮清楚自己是不是具有這方面的專業，否則只要站在門外看就好，千萬不要進入這個門。

不管讀者當初買翡翠是收藏用、投資用還是用做生意上的買賣商品，我真心建議，若沒有相當的經驗或專業，就算一時僥倖買對，早晚還是會有出大錯的時候。一個人若沒有玉石專業，白花錢當冤大頭事小，賠得傷筋動骨才是事大。

翡翠的市場名稱百百種，為了讓讀者對目前的翡翠市場有一個完整的概念，在本章，我先介紹翡翠在寶石學上的定義與地位，以及翡翠的產地與集散地，再介紹雕刻對翡翠的價值所帶來的重要性。

1

東方的綠寶石「翡翠」——中國為翡翠正名

　　中國人把「美麗的石頭」叫做玉，中國古書也有「玉乃石之美者」的說法，只要是美麗的石頭、美麗的礦物，只要能夠被雕刻成擺件、首飾品或任何祭祀用品，都把它稱之為「玉」。但是這些「美麗的石頭」與目前投資市場上所認定的、具高收藏價值的「翡翠」，卻是兩種完全不同的定義。

這一類的石材名稱都被稱為閃玉　　這一類的石材名稱已被稱為翡翠

中國人愛玉成癡，形成獨有的玉文化

在人類文化發展初期，宗教與藝術就有著密切的關係，原始居民對大自然未知力量的恐懼與無知，轉而產生崇拜敬仰的心理。崇敬、迷惑與無知等情緒交織而產生的忠誠信仰，為原始民族普遍的宗教型態，這種原始宗教的內涵，往往就將心靈上的幻影形之於某些器物之上，而玉石就是代表此類意境的器物，伴隨著中國的歷史長達數千年。

中國古代信仰，認為玉石可以保護屍體不壞或靈魂不滅，因此，玉石常用來當作陪葬品，這類玉石被稱為「葬玉」，多為玉髓、蛇紋石等古玉類石材。至於葬玉則因擺放的位置不同而有不同的名稱，如置於眼上的稱為「玉眼蓋」，置於耳內的稱為「玉瑱」，置於鼻內的稱為「玉塞」，置於手心中的稱為「玉握」，置於口中的稱為「含玉」或「含蟬」。

玉石的顏色與中國的傳說有糾纏不清的情節，如中國整合了不同顏色的玉來代表傳統信仰上的祭祀或個人的裝飾品。依據中國古禮，皇帝祭祀六方的禮器為蒼（綠）璧禮天、黃琮禮地、青圭禮東、赤璋禮南、白琥禮西、玄（黑）璜禮北。

這六種玉器代表天地與四方的神力，此外，玉器更是身分地位的象徵，經常具備政治上的意義。周朝時，白色的玉尊貴無比，是天子專用飾品；綠色的玉石代表山脈，是皇子及公侯們佩戴的飾品；至於水藍色的玉則是士大夫佩戴的飾品。皇帝使用的印章叫「玉璽」，甚至大臣上朝手持的牌子等都是「玉」製品。

台灣的故宮有非常多的古玉，古玉物件有許多是閃玉，也就是玉石市場說的和闐玉，歷來從古墓中挖到的，很多都屬於閃玉類的古玉物件。

簡單的說，中國的古玉中，除了閃玉類外，還包含了蛇紋石、石英、玉髓等不同的礦石，至於中國的古玉跟緬甸玉有什麼關係，從目前文獻記載及出土文物來看，就只有清朝乾隆時代的班指與雕刻物件為緬甸玉。換句話說，緬甸玉跟中國有交集的時間點，是在清朝乾隆皇帝的時候，可能是在乾隆全盛時期，緬甸以翡翠作為經商或進貢的項目之一，才造成緬甸玉輸入中國的開始。

在早期的年代，只要是美麗的石頭都被稱為玉

一直到清朝乾隆皇帝，翡翠才被引進中國，在當時的時代背景下，翡翠大都做成鼻煙壺或班指類的飾品

西元 1780 年左右，也就是清朝康熙至乾隆年間，中國境內的玉器使用大為盛行，需求量大增。由於緬甸產出的翡翠，具有不同於古玉的鮮豔綠色，令深入緬北尋找綠色翡翠的中國人愈來愈多，因此緬甸翡翠在中國聲名大噪；進而法國的礦物學家就將緬甸翡翠在寶石學定名為「輝玉」，也就是

現在大家耳熟能詳的「翡翠」。

中國古書記載，「翡」是鬱林郡的一種赤翠鳥，「翠」則是青羽雀。漢代時「翡翠」指的是存在於鬱林郡的鳥，鳥的羽毛有紅色及綠色，到了宋代，「翡翠」二字開始並用，用來通稱綠色的玉，明代文獻中也有「翡翠」一詞，不過清代之前的這些翡翠之名所指的，與現在翡翠名稱所指的物件完全不相同。

提到翡翠，最重要的幕後推手就是清朝的慈禧太后，也可以說，慈禧太后是造就翡翠高昂身價的關鍵人物，在慈禧太后之前的歷代皇帝，鮮有人對綠色寶石特別鍾愛。而從八國聯軍戰爭後，流落到民間珍藏的許多慈禧用品來看，的確許多都是綠色的翡翠。

早期綠色的輝玉被稱為翡翠，今日無論任何顏色的輝玉都稱為翡翠

中國歷年來的玉璽都不是翠綠色，而是白色或黃色；皇帝使用的班指也都以白色為主，各朝各代使用來雕刻的玉石也少有綠色的。有意思的是，在乾隆皇帝之後才有緬甸玉出現，其中又以綠色的緬甸玉最受青睞，到了慈禧之後，更把綠色緬甸玉叫做翡翠，這也就是我們台灣人說的「最漂亮的

綠色緬甸玉」。

也因為慈禧太后特別鍾愛翠綠色的翡翠，後來許多人就將上好品質的翡翠尊稱為「帝王玉」，緬甸翡翠也開始流通於中國，算一算至今已有三百多年的歷史。

法國人為「玉石」下定義，
中國人給「翡翠」下定義

然而，即使中國有五千年的玉文化，中國人雖然愛玉成癡，卻沒有將各種玉石分門別類訂出一個統一的科學學名，在 19 世紀前，中國對玉石一詞都是非常廣義的，在科學的驗證上仍停留在混淆不清的階段。

先前提到，早期的中國，對於只要是質地堅硬、顏色美麗、光澤圓潤的礦物都稱為「玉」，其中就包括了石英、蛇紋石等各類礦石。而現代的寶石學中，許多與玉石無關，但其學名上卻帶有「玉」字的寶石也不少，如剛玉（紅寶石的家族）、玉髓（石髓）等。實質上，這些帶玉字名稱的寶石，並不

黑色玉髓製品

能稱它們為「玉石」，也不能將它們與玉石歸成同類型寶石，而是與玉石完全無關的不同類別的寶石。

　　經過新的科學鑑定後逐步發現，早期流傳下來的「古玉」製品中，有許多是石髓（玉髓）、蛇紋石（岫岩玉）或其他外表類似玉石的礦類，此類的「玉」，現今仍被中國人歸類為「古玉」，而這類玉石與目前珠寶店中所出售的翡翠，是分屬不同的寶石種類。

　　在西方，則是到了 18 世紀與中國接觸後才知道「玉」這種寶石的存在，大英百科全書內也開始出現英文字「YU」，依其發音，就是中國人所說的「玉」。直至 19 世紀時期，法國礦物學家亞歷斯・道摩（Alexis Damour）在 1863 年，提出了西方寶石學對「玉石」定義主張。

　　亞歷斯・道摩認為真正的玉石（Jade）有兩種，也就是「輝玉（Jadeite）」與「閃玉（Nephrite）」。輝玉就是緬甸玉，硬度在 6.5 ～ 7，又稱為硬玉；而閃玉是另一種玉，一般以產自新疆的和闐玉與產自台灣花蓮的豐田玉為代表，閃玉的硬度在 6 ～ 6.5，比輝玉低了半度，因此又被稱為軟玉。自此西方寶石學將「玉」做了最後的定義。

　　之後，在台灣對翡翠一詞的定義是：「綠色」的輝玉（即硬玉或緬甸玉），而且具有一定的高透明度，這種「最高品質的輝玉」，才能稱之為翡翠。簡單的說：**「輝玉」＝「硬玉」＝「緬甸玉」≠「翡翠」**。

　　中國大陸一直都以翡翠之名來稱呼輝玉，在中國，「翡翠」

「和闐玉」＝「軟玉」＝「閃玉」

一詞即代表輝玉。然從 1990 年開始，中國大陸經濟起飛，經濟上的強勢崛起與驚人的消費實力，中國大陸所稱呼的翡翠之名，漸漸掩蓋取代了輝玉、硬玉、緬甸玉等名稱。因此，我們現今會聽到中國大陸的市面上有人稱紅色的翡翠、白色的翡翠或黃色翡翠等各種以翡翠之名取代輝玉名稱的說法。此點讀者一定要特別注意與了解。

　　因此，本書之後所提到的翡翠，就是以中國大陸所定義的翡翠為名稱。也就是：「**輝玉**」＝「**硬玉**」＝「**緬甸玉**」＝「**翡翠**」。

「輝玉」＝「硬玉」＝「緬甸玉」＝「翡翠」

品質勝於一切，名稱不重要

常常有人問我，在目前的鑑定市場上，究竟什麼品種的翡翠價值最高？

的確，如果到網路上去搜尋資料，會發現許許多多的翡翠相關名稱，比如老坑種、白底青種、花青種、油青種、玻璃種、冰種、糯種……，族繁不及備載，令人眼花撩亂。

然而，如果我們不從「寶石學」裡來找學名，而是執著在「市場上」的品種名稱，就很容易陷入他人製造的盲點與陷阱。

比方說，今天某人得到一塊石頭，為了提高這塊石頭的價值，所以他就自行創造了一個令人遐想的美麗名稱，並且敘述給另一個人聽，如果對方接受這個名稱，再傳給別人，那麼久而久之它就會廣為流傳，最後變成一個眾人在市場上「約定俗成」的名稱或說法。

花輪哥不藏私

祖母綠 VS 翡翠

長久以來，很多人將「祖母綠」與「翡翠」混為一談。事實上，享有「綠寶石之王」美譽的祖母綠，相對是屬於西方人鍾情的寶石，高品質的祖母綠大都產自於哥倫比亞，而巴西也是祖母綠的量產國，近年在尚比亞等非洲的許多個國家，也陸續被發現部分蘊藏量。

嚴格來說，祖母綠是西方人鍾情的名貴綠色寶石，翡翠則是東方人的最愛，尤其是擁有五千年玉文化的中國人，對於被歸類為玉石種類的翡翠，更是情不自禁。

祖母綠的綠色顏色與綠色翡翠的顏色，都是由相同的致色元素「鉻」所導致，所以自外觀來觀察，兩者的顏色相若，外行人往往會將兩者混淆。

翡翠是集合結晶體，因而透明度不可能達到全透明的狀態，充其量最高也只能達到半透明的品質。但是祖母綠是單一晶體，通常是以全透明的狀態呈現，也就是說，翡翠的透明度不會如祖母綠一樣的通透。

除了透明度不同外，使用強光分別照射翡翠與祖母綠時，也會發現翡翠是具有本體結晶的紋脈狀態，而祖母綠則會出現其他共生礦物的結晶體與少量的水液體，這也是用來簡易分辨兩種寶石的基本方法。

翡翠戒指

祖母綠戒指

可是，這個在 A 地被「約定俗成」的名稱，到了 B 地未必也是如此的名稱，因為 B 地的人根本不知道這個名稱究竟代表什麼。除此之外，還出現另一個情況：比如 A 地講的老坑種與 B 地講的老坑種，往往指的還不是同一個種類的翡翠。因此每當有新的名詞被創造出來，往往徒增翡翠市場的混亂而且無規可循，這就是目前市場上混亂的潛規則。

所以，我的建議是，不需要花太多心思去弄清楚這些翡翠的市場名稱，也不要被商人創造的這些名稱搞得暈頭轉向，購買的時候，最重要的還是要回歸到寶石學的「正確」名稱，以及翡翠本身的品質，才是判斷翡翠價值最根本的方法。

這一件高檔的翡翠雕件，很難用市場名稱來代表等級，
但若使用本書鑑定方法，再也不難鑑定它的品質了

花輪哥不藏私

貴重寶石 VS 半寶石

　　地球內有三千多種礦石，在這些礦石中，人類依礦石的美麗性、稀少性與長久性，選出了三百多種的礦石稱為寶石。在這些寶石中，鑽石、紅寶石、藍寶石、祖母綠、翡翠等5大寶石被分類為貴重寶石。除此之外的其他寶石都被歸類為一般寶石類（有人將一般寶石稱為半寶石），所以，一般寶石包括了玉髓、水晶、碧璽、土耳其石、黃晶石等等，也包括了珍珠、珊瑚、琥珀等有機寶石。

　　要注意的是，在貴重寶石與半寶石之間，往往因時、因地、因人、因市場等各種因素，致使某些一般寶石的價格甚至比貴重寶石還要高，這就是寶石有趣的特性。

高品質的水晶礦石原料也常常被拿來製成美麗的雕件

地球內有許多不同種類的美麗礦石，圖中就是不屬於翡翠類的玉髓所雕刻的物件

2

翡翠產地與集散重地———以緬甸為最大宗

　　緬甸是全世界唯一出產高品質翡翠的國家，簡單的說，達到可在市場流通交易的商業級與寶石級的翡翠，都僅僅產自於緬甸這個國家。再加上翡翠之所以有價值，主要原因就是它能夠被製做成美麗的首飾或擺飾，雖然加拿大及日本等少數國家也出產少量的翡翠，但所出產的品質差，石脈紋過多、透明度極低，更重要的是顏色不鮮豔，所以無法做成美麗有價值的首飾品。

　　緬甸以外的國家所出產的翡翠，價值實在有限，翡翠以日本來說，大約在 1980 年代就在新瀉縣被發現了，這不僅是日本目前唯一被發現有翡翠的地方，而且到目前為止，都沒有看到任何商業等級以上的翡翠量產，大都是一些工業等級，而且含有大量其他共生礦的翡翠，很難成為商業級的首飾品。所以在市場上談到翡翠，仍然是以緬甸出產的為主。

緬甸仍是世界翡翠的唯一產地

緬甸出產高品質翡翠，但是供給已經趕不上需求

　　緬甸是軍政府國家，它的礦區都是國家所擁有，私人要在緬甸開發礦產，必須向軍政府承租礦地。時至今日，任何的翡翠或其他寶石，只要私自帶出緬甸就是違法，除非當地購買對象有開立發票，代表這筆交易已被課稅，屬於合法交易，否則都算走私。

緬甸最大的礦商基地 Dragon Cement Factory

　　如前所述，全世界優質的翡翠幾乎都在緬甸，所以中國大陸或香港的大企業或規模較大的翡翠商，會在緬甸與當地政府成立合資挖礦公司，只要有高品質的翡翠原石被挖掘出來，就會直接被這些特定的合資公司運走，剩下來的才會留在緬甸，由當地政府作為一年兩次的拍賣商品。許多人稱緬甸的翡翠拍賣會為「公盤」，「公盤」每年一般會舉辦兩次，當然也會視翡翠產量來增減「公盤」的次數。

　　2014 年 6 月 24 日緬甸在新首都「內比都」舉辦了一場公盤拍賣，但是拍出來的物件品質已經遠不如早期「公盤」的翡翠，這次「公盤」的寶石級翡翠，有不少是我二十年前看到較低品質的商業級翡翠；據此，足以相信現在的翡翠礦源已經愈來愈稀少了。

2014 年於緬甸新首都「內比都」舉辦的公盤拍賣現場

2014 年於緬甸新首都「內比都」舉辦的公盤拍賣現場的投標箱

2014 年緬甸的公盤拍賣，這 4 塊綠色原石的起標價是 1,800,000 歐元

　　為什麼好的石材愈來愈少？先前提到，緬甸翡翠是在清朝時期才與中國有所連結，也就是說，緬甸翡翠是在進入到中國之後，因為中國有了需求，緬甸政府才開始增加挖掘的數量，誰能知道，往後愈挖，高品質的翡翠礦源也陸陸續續地被發現！

　　真正高品質翡翠的大量產出，大約在 1990 年代左右。1990 年前後，日本人開始收購寶石級的綠色翡翠；1990 年代

2014 年在緬甸內比都的公盤拍賣，這 4 塊綠帶紫色原石的起標價是 280,000 歐元

以後，中國大陸的經濟起飛，大陸對翡翠的需求量突然暴增，有了這個需求量，緬甸也開始積極地擴大挖掘。但是時至今日發現，需求量與供給量已經完全不成比例！

　　過去的一段時間，翡翠市場的需求量究竟有多大，就從 2014 年 6 月緬甸公盤展示的翡翠物件與二十年前的公盤翡翠商品對比來看，翡翠的礦源，就在最近二十年的時間確實被消耗得非常嚴重。

◀緬甸的公盤拍賣全由軍政府主導，
　因而都是調動軍隊在現場看管

1994 年於緬甸首都「仰光」
舉辦的公盤拍賣現場

2014 年於緬甸新首都「內比都」
舉辦的公盤拍賣現場人山人海

花輪哥不藏私

翡翠原料的分類：水礦＞沙礦＞山礦

　　早期緬甸的翡翠礦區只是少量開採，依來源有所謂的山礦、沙礦跟水礦。

　　山礦產自於山裡，一般體積比較大塊，但是石脈紋也比較多；當山上的石塊慢慢滾落到山腳下，常年埋在泥沙裡，就變成沙礦，沙礦的體積較山礦小，但因長年沉埋於砂石下，不會受到風化，以致沙礦的表皮比起山礦要來的細緻，其內部的顏色也會有較多的變化。再者，沙礦的地形經過地層變動後，部分形成低窪的湖泊或水塘，以致於這些沙礦長期沉埋在水裡，這時翡翠是長期浸漬在水中，就成了水礦；一般而言，水礦出產最高品質的寶石級翡翠。

　　山礦又稱山石，長期受風吹日曬，表面相對較粗糙，水礦經過水流的帶動又稱水石，其表面較細緻，因此，寶石級翡翠多為水石或沙石料；山石主要作成商業級翡翠，不過更多是屬於工業級的建材料。

　　此外，翡翠之所以會有各種不同的顏色，是因為含有致色元素，致色元素需要透過氧化過程才能擴散致色，而氧化需要水份，因此浸泡在水裡愈久，氧化時間愈長，翡翠品質就愈好愈通透，所以，一般來說，水坑或水塘裡撈出來的翡翠多半是頂級物件。

翡翠的水石原石　　　　　　　　翡翠的沙石原石

「成本高」加上「貨源少」，翡翠價格直直漲

經過長期的快速開採，緬甸礦區面臨枯竭的窘境，即便礦源沒有竭盡，翡翠礦區開採的成本也愈來愈高！

最近幾年，常常有人問我「緬甸的翡翠是不是都絕礦了？」在回答這個問題前，應先深入談談翡翠的礦區。

挖礦是這樣子，如果我的腳下有翡翠，那麼第一次挖的時候，可能只要挖個一公尺深就可以挖到了，可是持續挖了一年，還會是一公尺嗎？當然不是，同一個礦區內，一公尺已經挖完了，所以慢慢地就變成要十公尺深、二十公尺深……，才能夠挖得到翡翠，這代表縱使有翡翠礦源，但採礦的成本卻是愈來愈高，因而流通到市面上的翡翠價格相對的也會提高。

採礦的成本是愈來愈高，因而流通到市面上的翡翠價格也跟著高漲

甚至在深層地底的翡翠，礙於開採技術難以突破或是日趨高昂的成本，短時間內也很難見光，以至於市面上流通的高品質翡翠數量已經愈來愈少。在「成本高」加上「貨源少」，以及持有人惜售捨不得賣等因素，讓翡翠逐

緬甸翡翠走私猖獗，因為山地交通不便捷，走私販都是以大象代步，倒也形成另一景觀

漸在「物以稀為貴」的市場準則下，價格愈漸高漲。

簡單來說，因為採礦困難度增加，成本變高，所以貨源愈來愈少，即便有也是慢慢的陸續被挖掘出來，少有如二十年前般，相對能在短時間內就挖掘到一定量的翡翠，再加上至今仍沒有其他國家發現新的翡翠礦脈可以做為取代的礦源，翡翠就在這種供給日益稀少，而需求卻不斷放大的嚴重失衡下，造就了近年來翡翠價格年年高漲的現象。

2014 年，大家都張大眼睛在看緬甸的公盤開標價格，結果發現所謂的寶石級翡翠幾乎寥寥無幾，商業級的也是所剩不多，大部分都是大件的工業級原料充數，這代表貨源愈來愈枯竭，所以 2014 年的翡翠價格又上漲不少。

因為寶石級的翡翠礦源日漸減少，翡翠的成品數量愈漸稀少，不少商業級翡翠已被重新認定而晉升為寶石級翡翠，工業級

從 2014 年緬甸公盤拍賣的翡翠原石可看出，其品質是一年不如一年

則晉升為商業級翡翠。現在只要是緬甸翡翠，無論是何種品質等級，一定會被做成一些雕件出售獲利，現在翡翠的市場是：「即便不是頂級翡翠所做成的雕件，也能賣到不俗的價錢。」

翡翠價格快速翻漲，現在買翡翠隨時都是時機

如果你問我什麼時候是買翡翠的好時機？我會說：「現在就是好時機，只要是 A 貨，覺得價格合適，那就出手購買，買了

就放著不要賣。」總的來說，翡翠就像一支績優的股票，短時間可能無法準確預測，但拉長個五年、十年期間來看，翡翠未來的增值幅度絕對驚人。

以下三個要素，是翡翠價格年年上漲的原因：

1. 翡翠原料

首先就是翡翠原料，我們知道原料很重要，只要原料漲價，翡翠成品必然就跟著漲價；世界上只有緬甸具有商業級以上的翡翠礦石原料，所以每一年緬甸的公盤拍賣價格，就成了

緬甸寶石級翡翠原料逐年減少，近年大多是此類低品質的山石料，但其價格仍然年年上漲

一項最重要的價格指標，只要公盤開出來的價格往上彈跳，所有的翡翠成品價格，全部都是跟著往上躍升，依現在的主、客觀條件來看，原料是逐日逐漸在枯竭，未來價格必定年年看漲。

2. 玉雕人員與工資

第二個要素，就是將翡翠原料加工成為首飾或玉雕成品的一道工序。中國大陸的玉雕工藝具有五千年的歷史背景，一直以來無論在數量或品質都居世界之冠。

然而，玉雕是一項付出勞力與時間的辛苦工作，記得在 1994 年的春天，我前往中國揚州玉雕廠訪查，一位年僅 18 歲的玉雕小師傅告訴我，他自 10 歲就開始承襲父親的玉雕工作，每年只要進入冬季，雕刻玉雕的手指必然會生長凍瘡，要一直到隔年夏季才會轉好，就這麼周而復始的年復一年的工作了 8 年，長凍瘡的手指也時好時壞了 8 年。當時他的工時是無分周末，每周 7 日，每天 12 小時，每月工資是人民幣 300 元（那時期人民幣與新台幣的比值是 1：8，大約折合新台幣 2,400 元）。

不過，近二十年來，大陸玉雕加工的費用年年攀升，年年漲價，翡翠雕刻師傅的工資已經動輒上萬元人民幣，而且也不可能每周工作 7 日了。當然，更重要的是，時至今日，生活的現實改變了玉雕界長期的生態，許多早期具有高超工藝的玉雕師傅，發現經營翡翠買賣的收入比起玉雕工作，沒那麼辛苦卻能掙的更多，因此都會訓練一批一批的徒子徒孫來接手玉雕工作，而自己則轉行站在櫃台內做起掌櫃，經營起販售翡翠玉雕的生意了。

　　再者，玉雕工藝必定是以經驗掛帥，有長久玉雕實作的經驗，才能擁有良好的工藝手法，但現在的現實問題是，從玉雕廠的老闆到玉雕師傅，甚至是玉雕師傅的徒子徒孫們，心裡想的第一順位，早已不是如何花時間做出好的玉雕工藝，而是怎樣才能將本求利，快速把翡翠雕磨完成後交貨，以便能賣個好價錢而已。

　　由此可見，因為經濟的發展，玉雕工藝的工資是愈來愈高，更現實的是相對於過去，為了趕製出成品，能夠快速出貨，在玉雕工藝上也會愈來愈差，好的雕刻師傅已經在慢慢凋零，新的玉雕師傅又以經濟效益掛帥，這些現實的事情，如何與過去的工藝相比擬呢！

工資上漲加上好的玉雕師傅開始凋零，這是翡翠上漲的主要原因之一

資深的切磨翡翠師傅真的是愈來愈少，圖為在翡翠原石板上鑽磨手鐲的情形

雕刻一件大型翡翠擺件，有時必須使用到重機具，確實是一件辛苦的工作

我的結論是，好的翡翠原料愈來愈少，好的雕刻師傅也愈見凋零，以致高檔翡翠成品的價值肯定會愈來愈高，這些狀況，都是現在已經也正在持續發生的景況。從 2000 年開始，在翡翠市場中，要找到「令人驚奇的物件」就已經不容易了，好的翡翠手鐲、旦面戒指與項鍊墜子等首飾更是愈來愈少。

3. 國際拍賣會

早期國際性的拍賣會對於翡翠物件並不重視，相對於鑽石、紅寶石等珠寶的拍賣數量也少了許多。

以往，國際拍賣會的翡翠商品都有固定的賣家提供，但是近年來，蘇富比、佳士得等重要的國際拍賣會的翡翠玉石類商品，已經開始向民間徵召物件，此舉說明了金字塔頂端的富豪已經沒有或是不願提供上好的翡翠物件，他們只進不出（也就是只收藏而不提供拍賣）的模式，造成拍賣會只得開始朝金字塔中層階段來徵求翡翠物件。

　　在我的經驗中，相較於過去，現在的拍賣會已經沒有太多讓你看了會有驚喜的翡翠物件。以前你會發現有整件帶綠、紫、紅色的翡翠大型雕件，或是整只都是翠綠色的手鐲出現在拍賣會的書籍上待價而沽，但如今翡翠大型雕件幾乎已不存在，且只要有半只呈現翠綠色的手鐲出現在拍賣會現場，就已經成為收藏家垂涎的標的了。

　　翡翠在蘇富比與佳士得等國際拍賣會的最終拍賣價格不斷往上飆升，也是翡翠不斷創造出「驚奇價格」的另一個重要原因。

1993 年佳士得在台灣舉辦拍賣會現場

縱使世界經濟不景氣，翡翠價格也從未下跌過

在翡翠原料漸少、玉雕工資上漲與玉雕師傅逐漸凋零、國際拍賣會的推波助瀾等重要因素下，翡翠的價格是沒有下降的理由。

市場上偶爾會聽到翡翠玉商說：「翡翠這個生意現在不太好做了。」但他們抱怨不好做的理由是什麼呢？不是因為沒人買，而是好的翡翠商品愈來愈少，再加上如果自己沒有良好的鑑定技術與知識，向貨源方進貨時，不是成本太高就是進錯了貨品。

以往翡翠貨源充足，商人盡可將翡翠當做一般商品，隨意買進轉手賣出賺取差價就算完成交易了。然而，現在不僅翡翠貨源短缺，加上網路興起，顧客方能取得的資訊也很廣泛，致使翡翠玉商必須要有一定的鑑定技術與知識，懂得如何挑選，如何向顧客解說，以及如何做好售後

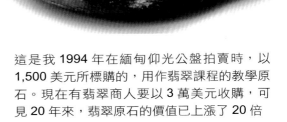

這是我 1994 年在緬甸仰光公盤拍賣時，以 1,500 美元所標購的，用作翡翠課程的教學原石。現在有翡翠商人要以 3 萬美元收購，可見 20 年來，翡翠原石的價值已上漲了 20 倍

服務外，更重要的是，還要能賦予特定翡翠一個美好的故事。

現在，與翡翠價格有關係的、最重要的事情就是，到底下一次緬甸公盤中寶石級與商業級的翡翠標價與數量還有多少？以 2015 年的緬甸公盤來說，翡翠的開標價格與近幾年一般，開標出來的結果，幾乎沒有寶石級的翡翠原石，大部分都是大塊、品質不高的山石原料，在可預見的未來，在國際性拍賣會中，高品質的翡翠物件價格絕對是持續上漲。

只要我喜歡，就趕緊下手購買吧！

如果問我往後翡翠的價格會不會再漲？我的看法是，若是人為的炒作因素導致翡翠價格上漲，那麼炒作的因素不存在後，價格自然會下跌，日後會不會漲就很難說。但我不認為翡翠價格的上漲，是人為炒作因素，我認為只要以上三個原因一直存在，那麼翡翠的價格就一定是愈漲愈高。

所以，**讀者最關心什麼時候才是買翡翠的好時機？或說什麼時候才是買高檔翡翠的好時機？我認為隨時都是，只要當下你買的價格對了，我認為翡翠永遠都有上漲的空間。**

我的建議是，如果是自己喜歡，再加上經濟許可，就無需猶豫，快下手購買吧！這十幾年來，**我每一次碰到好朋友都告訴他們，有兩樣寶石一定要時時注意，一有好的機會，就應買下來放著。這兩種寶石一個是「鑽石」，另一個就是「翡翠」。**

如果以過往的歷史軌跡來看，世界經濟平穩時，鑽石一年的漲幅大概在 3% ～ 5%，鑽石被外國人當作情人間的信物，現

代人結婚時就會用到。父母不妨幫孩子先買一顆鑽石存著以備孩子們求婚、訂婚或結婚之用。你若今日不買，十年後孩子結婚時再買，所支出的價格一定比現在貴上很多。

翡翠玉石也是如此，相對於鑽石有時還會短時間的回檔一下，翡翠價格卻從未回檔，其漲幅甚至呈跳動式的飆漲，也就是以 3 倍、5 倍的「倍數」漲價，看到這種驚人的漲幅，我衷心的建議，未來讀者只要有機會看到自己喜歡的翡翠，就下手購買吧，如果經濟上許可，那就盡量挑選高檔的翡翠物件吧！

近 10 年來，無色的冰種翡翠也大幅上漲了一波

3

翡翠也講色相美————錦上添花的藝術與雕工

前面提到，翡翠的玉雕是將商品原料加工的一道工序，好的雕工藝術，絕對能大大提高物件的價值。

有趣的是，翡翠的主要產地在緬甸，但是中國人卻擁有五

千年歷史文化與世代相傳的玉雕工藝。也就是說，中國掌握了翡翠的切磨與雕刻技術，緬甸出產的翡翠原料品質再好，最終還是要送到中國大陸，找到錦上添花的雕刻工藝，才能讓翡翠因雕工而更加美麗，更有價值。

中國大陸的翡翠玉雕技術世界第一

中國雕刻藝術風：北派雄渾，南派細緻

　　緬甸是全世界唯一出產高品質翡翠的地方，可是它幾乎沒有玉雕的工藝，更準確的說，應該是完全沒有。如前所述，就算中國的玉雕技術逐漸式微中，但不可否認，中國大陸在這個領域上仍舊是第一把交椅。

　　舉例來講，如果你拿最上好的翡翠原料，請緬甸人幫你雕一個最簡單的旦面，即使你已經明白告訴他最佳的切割比例數字、告訴他旦面的凸面中心點要位在最中間，最頂端，而他也清楚知道要這樣切磨，可是奇怪了，大多數的緬甸翡翠切磨師傅無論如何就是磨不準，無法切磨出中國大陸翡翠雕刻工廠的技術。

　　所以，如果你擁有一塊上好品質高價值的翡翠，自然不會想要在緬甸請人雕刻切磨，畢竟玉雕一經切下或鑽磨機一鑽就拍板定案，不能回頭從來，只要一步錯就全盤皆錯，所以翡翠的雕刻過程是禁不起任何錯誤的。

　　因此，即便中國玉雕的工資相較緬甸來得高昂，持有者還是寧願多付一點錢在中國大陸尋找一位好師傅為其切磨，這也就是為什麼所有的玉雕，到頭來還是會回到中國大陸的原因。

　　事實上，緬甸雖然擁有資源豐富的翡翠礦區，但是他之所以能夠發展得如此好，一切都得歸功於中國大陸。如果沒有中國大陸的玉雕技術以及中國人對翡翠的喜愛，緬甸即使擁有世界獨一的翡翠礦區，也不見得能有今日的發展。我常說緬甸翡翠遇到大陸玉雕，那就像是千里馬遇到伯樂，兩者真的是相得

1993 年訪問揚州玉雕廠時，其鄰近城鎮也有許多大小不一的玉雕廠

益彰。

　　以中國的翡翠及玉石雕刻而言，早期可分成兩大派，一派就是以北京玉雕廠為主的「北派」，其雕刻以觀音、關公、彌勒佛等神佛像、人物為主。北派雕刻的風格渾厚、豪邁、粗曠，所以翡翠原料的持有者，如果要雕神像，一般都會以北派為主。

　　另一派則以揚州玉雕廠為主的「南派」，其雕刻以鏤空雕刻的山水、風景、器物擺件為主。南派雕刻的風格精緻、細膩，擅長從細小的部分鏤空雕刻，假設我們想要雕刻一條口中含珠的龍，而龍珠裡又有一顆珠子能夠轉動，這就是南派雕刻大師最擅長的作品。

我在 1991 年曾率團前往北京市玉器廠參訪

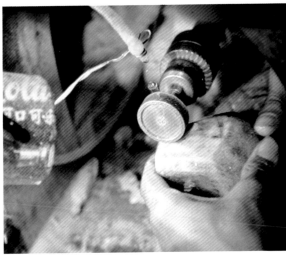

中國大陸有淵遠流長的玉雕工藝，
但對翡翠的雕刻工藝，則是始自於清朝

　　無論是北派或南派的翡翠雕刻廠，早期都是以代工為主，雕刻工藝成為當地的顯學；然而，時至今日，派系合流，翡翠工藝已無派系分別，加以許多翡翠雕刻廠都是自己購入翡翠原料，自行設計雕刻成品再出售的「一條龍」企業，其中有不少還是與當地旅行社聯合跨業合作，創造出不小的雙贏商機。

大件翡翠雕刻是先設計，再於翡翠原石上製圖，最後才開始雕刻

此類縷空的高檔翡翠玉雕成品，早期在揚州地區才能看見

緬甸有礦源，中國有工藝技術

除了上述玉雕廠，另外還有雲南瑞麗與廣東省的廣州等地，近年來也因為有利的地理位置及其歷史上獨自的特點，成立了許多中、小型的翡翠雕刻切磨工廠，各個切磨廠在造型及用料上，都能獲得一定的美譽。許多玉雕工廠，與港台經營的玉商簽訂長期合作契約，以代工的方式為翡翠玉商服務，相對的也使得當地的翡翠玉雕工藝更加享有盛名。

以下簡單說明幾個近年來，中國大陸的翡翠玉雕重鎮：

羅湖口岸拜鄰接香港之賜，滿城人車雜沓，熱鬧非凡

1. 全世界翡翠的原石集散地：香港廣東道

　　早期，不論是來自緬甸、中國的翡翠原石或雕件成品或半成品，大都由香港轉銷日本、台灣及亞洲各地。一直以來，香港都是世界主要翡翠的交易集散地。

　　過去以來，翡翠玉商取得翡翠原石之後，就直接送往香港的「廣東道」切磨雕刻，而廣東道玉雕廠聘請的玉雕師傅多是落戶在深圳的玉雕師傅。

　　1997年香港回歸中國之前，大陸內地人到香港工作，在法

香港廣東道一直是具有世界翡翠交易中心的地位，只是近年中國內陸經濟興起，沿岸各省都有大小不一的翡翠加工廠，確實有弱化了香港廣東道的地位

令上有特殊規定與限制，因此非常多的內地玉雕師傅就到深圳或其他鄰近香港的內陸城鎮落戶，以方便內地玉雕師傅周日晚上前往香港廣東道工作，到了下一個周末，再經由香港與深圳的臨界口岸「羅湖」，回到內地與家人團聚。

　　在香港到深圳間有個羅湖關，週末的時候，會看到大批的旅人進進出出，這裡面就包含了許許多多的玉雕師傅，他們到了週日晚上就會從大陸進入到香港工作，之後又從羅湖關回去，這就是早期香港的廣東道，全世界的翡翠玉雕中心，全世界的原石集散地的特殊景象。

　　廣東道街面的一樓裡裡外外都擺滿了翡翠原石，當地玉商將一樓店面裝潢為珠寶店，用來銷售翡翠玉雕，二樓以上全部

都是翡翠玉雕加工廠，工廠裡的工人日日夜夜為翡翠玉雕工業忙碌著。

而政治與歷史改變了翡翠玉雕廠的聚落生態，自 1997 年香港回歸中國後，這些落戶在深圳的玉雕大師，或是當初在香港工作的翡翠玉雕大師漸漸地在深圳自行開設玉雕工廠，有些甚至不願再做辛苦的翡翠玉雕工作，他們覺得經營翡翠買賣業所賺的錢，不僅多出許多也相對的輕鬆，所以這些翡翠玉雕師傅就逐漸在深圳成立了許多大小不一的翡翠玉雕工廠。

漸漸地，香港廣東道翡翠玉雕工廠的師傅，也開始在深圳複製了許多工廠。那麼，深圳玉雕工廠的師傅從哪裡來呢？原來，這些深圳的翡翠玉雕廠紛紛往內陸去尋找了河南、湖南甚至是雲南與其他省籍的師傅來訓練。由於整個陸、港的翡翠玉雕資訊連通，當深圳需要大量的玉雕師傅時，很快地就可以再從內陸找人，甚至許多原來北京的翡翠玉雕師傅也陸陸續續投入到南邊來工作。這就好像餐廳裡面的大廚帶著二廚，二廚逐漸成熟變成大廚後，原來的大廚就坐到櫃枱，直接面對客戶，做起珠寶生意來了。

自此，慢慢的，整個翡翠玉雕市場、買賣交易市場的局面都在變化，也讓中國大陸的玉雕文化隨之轉型、改變，這就是翡翠玉雕文化的遷移轉變。

現在的香港廣東道翡翠加工廠，都以加工手鐲、旦面或墜子等首飾為主

花輪哥不藏私

東方之珠香港，是重要集散中心，更是避稅天堂

儘管自 1997 年香港回歸中國大陸之後，翡翠玉雕廠逐漸跟著內移，使得廣東地區的翡翠玉雕廠及買賣商業行為隨之蓬勃發展。雖說如此，香港地區畢竟在翡翠加工及買賣商業上引領風騷相當長的時間，加上 1997 年距今不到二十年，香港的翡翠玉雕工廠還是仍然有部分的老師傅嚴守崗位，至目前為止，香港的翡翠交易狀況，在翡翠玉石界依然具有一定的指標意義。

但深圳不同，它有新的超大型車間，更有從內陸調動過來的千軍萬馬，所以深圳跟廣東其他地區的翡翠玉雕廠之規模有愈來愈大的趨勢。而香港終究只有「廣東道」這一小塊區域，在交易量上目前是遠遠不及中國內陸，但是談及精緻的翡翠手鐲、旦面戒面、巧雕墜子的集散地及交易量，香港地區仍是主流之一。

除此之外，香港每年的 3、6、9 月都會在香港島的會議中心，舉辦國際性的珠寶大展，全世界的珠寶批發商、切割工廠、珠寶加工廠以及各地的買家都會在展覽時期匯集於此，加上香港又是一個自由的貿易港口，所以直至現今，香港在國際珠寶業界中依然佔有舉足輕重的地位。

到中國買翡翠，常常會因政治或文化的差異，而對稅務的問題不甚了解，因而產生了很多難以面臨的問題。曾經就有台灣珠寶商帶珠寶進入中國參加內地珠寶展覽，可能因為入境時沒有向海關申報或是入出境時的珠寶數量不同，而被中國海關認定是逃稅，將珠寶全數沒收，甚至還有些台商險些吃上牢飯等。但進出香港則沒有這個疑慮，相對比較安全，這也是國際性的拍賣會選擇在香港舉辦的原因。

不僅香港是翡翠珠寶的重鎮，鄰近的澳門也是雨露均霑

後來，玉雕工廠也從深圳開始往南方的沿岸發展，因為收入不錯，投入這個領域的人愈來愈多。在中國的一個中型規模的翡翠玉雕工廠內，就會有 40～50 位玉雕師傅，當地人稱之為「車間」，具有規模的翡翠玉雕廠裡可能就有 5 至 10 個車間，換句話說，一個玉雕廠裡就有 200 至 500 人在做翡翠的玉雕工作。

2. 廣東翡翠集散地：長壽街、四會、平洲與揭陽

在早期，從事翡翠玉雕師傅確實是很辛苦的，因為當地環境與簡陋工具關係，為了要冷卻切磨翡翠時所發出的熱度，滴落在切磨翡翠工具上的水，也會一直滴落在手指上，所以冬天的時候玉雕師傅的手是永遠長著凍瘡，一直要到夏天才會復原。

這麼辛苦的工作，在當時只有比較貧窮的老百姓才會去做，但凡經濟上過得去的百姓是不會幹的。

自 1997 年到現在又過了好長一段時間，原本深圳玉雕廠從內地請來的那些小師傅也慢慢逐漸成熟成了老師傅，這些老師傅又跳出

四會地區的翡翠商家，早期都以代工為主業，現在也開始自行買賣了

來自己開了玉雕工廠，因為離深圳最近的就是廣州，所以繞著廣州一帶，就出現了四個最大的翡翠玉雕廠與翡翠成品的集散地，其中包含知名的廣州市長壽街、四會、平洲與揭陽。

　　所以行家有句話說：「買翡翠原石就要到緬甸去買，可是要買翡翠成品就要到廣州去買。」

　　整體來說，玉雕工藝要好，首看年資經驗，你雕過一千件，他雕過一萬件，當然雕過一萬件的會比雕一千件的技術來得熟練。中國人口眾多，工資便宜，又有五千年的玉文化加持，因而造就了中國的翡翠玉雕工藝，在世界上確實沒有任何一個國家可以取而代之。

廣州地區的翡翠攤商，許多是販售這種染色的物件

台灣雖然也有少數幾位工藝純熟的翡翠玉雕大師，但因整體環境因素，大多是屬於個人工作坊，並無大陸玉雕廠的車間規模，甚至有部分工作坊只為特定的客戶工作，並不承接陌生人的玉雕生意。但在 2010 年後，有跡象顯示，少部分原在大陸的台灣翡翠玉雕師傅陸續回台，落腳在不同的縣市裡，使得台灣也漸漸出現了較多的個人玉雕工作坊。

3. 中國最靠近緬甸翡翠礦區的省分：雲南

　　雲南省因地處緬甸東北部的鄰界，靠著先天優勢能夠就近取得緬甸礦區的翡翠原料。雲南的騰衝就是早期雲南翡翠原料的主要集散地，那時，大量的緬甸翡翠原料都是由騰衝進入。而自 1970 年代開始，緬甸的翡翠原料，才漸漸的移轉到泰國的清邁，直至中國改革開放，許多翡翠原料才又有開始回流雲南的現象。

　　翡翠主要的礦脈區產自緬甸的北部，至於緬甸南方至今都沒有翡翠礦源的出現。而緬北與中國大陸接壤的地方就是雲南瑞麗。早期，僅相隔一線的中緬邊界一邊掛著中國國旗，另外一邊則掛著緬甸國旗，然後兩邊各放一張桌子，桌旁各自坐著一位本國的移民官員，就這樣簡易的執行出入境的業務。

　　從中國大陸往返緬甸，只要中國這邊蓋一個章就是自中國出境，過了橋那邊就是入境緬甸，進出非常簡單。

　　就是因為如此，靠著地利之便，瑞麗當地漸漸形成一個個大小不一的翡翠玉雕廠的聚落，初期，有很多北玉或南玉的雕刻師傅被聘請去做翡翠雕刻的工作。除此之外，盈江、芒市等

中緬邊境場景	雲南瑞麗的翡翠買賣，已成為重點觀光貿易區
雲南瑞麗的翡翠賭石買賣非常紅火	許多緬甸人到雲南瑞麗買賣翡翠，就必須向當地申請流動經營證
	雲南瑞麗的珠寶街，店內店外都非常忙碌

地也偶有來自緬甸的翡翠原石，使得翡翠的賭石買賣與翡翠加工，在雲南當地可說是熱鬧滾滾。

4. 中國之外的緬甸翡翠交易集散地：瓦城

　　值得一提的是，緬甸的瓦城（Mandalay）位於緬甸國土的正中央，是緬甸翡翠最重要的交易集散地，現今許多翡翠商人都是在這個地方批購翡翠。只是如果讀者想在瓦城購買翡翠，除了本身一定要具備各項鑑定技術之外，還必須要有熟識的帶路人。

緬甸瓦城機場

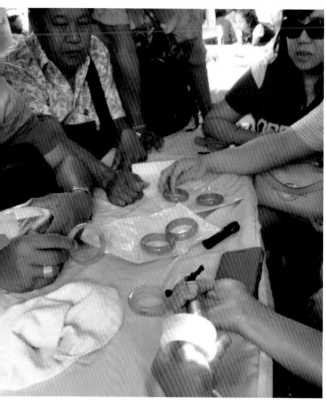

2015 年我的學生前往緬甸瓦城，
進行的翡翠交易現場

緬甸瓦城確實可以找到高檔的翡翠手鐲

　　瓦城的翡翠交易帶路人，必須熟悉當地環境，同時也熟識
當地翡翠商人的專人。帶路人是以向翡翠供應商收取介紹費為
主要的收入來源，對買家而言，帶路人還必須承擔保障買家安
全的責任。如果沒有熟識的帶路人千萬不要去，否則帶著滿滿
的美鈔前往，一定非常危險。

翡翠玉雕大師何處尋？都被收藏家藏起來了！

　　儘管中國人所談及的古玉與現今人們愛不釋手的翡翠在礦物的本質上有所不同，但也因為中國流傳下來的古玉雕刻技術，確實造就了許多在翡翠雕琢上有特殊成就的大師級人物。

　　翡翠的雕工技術是中國的一項無形資產，中國的玉雕技術一直以來都是享負盛名，其他國家無一能出其右，這是因為早年的雕刻師傅願意花上一輩子的時間來精雕細琢一件作品，如

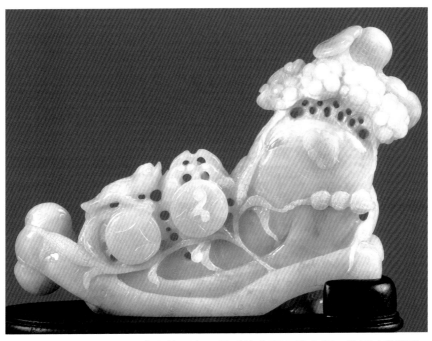

有遠見的收藏家，紛紛「收藏」資深優秀的翡翠玉雕大師，像圖中高檔的雕工已愈來愈不復見

果這件作品又是出自大師級的玉雕師傅之手，那麼在物件身上就有藝術性的加分空間，如此一來在收藏保值上又更極具價值了。但現在這類具藝術堅持的玉雕師傅逐漸在凋零中，再加上翡翠玉石已經市場大眾化，現今的玉雕師傅極其少數會為了某件玉雕花上一輩子的時間，而是以市場交易為主，時間掛帥，只想盡快雕刻完成並快快賣出好賺錢。

目前的翡翠市場上，玉雕師傅與收藏家是畫上等號的，就像是千里馬與伯樂般，兩者在對的時間點碰到，就能擦出火花。

一個好的雕刻師傅，除了自己本身要具備優良的雕琢技術，還要兼具兩項外在因素，才能讓作品加值：第一是要有好的翡翠材料，其次就是要有一定實力的收藏家。

翡翠收藏家必定在眼界上、經濟上，都具有一定的實力，他願意提供玉雕師傅在經濟上的寬鬆條件，讓具有理想又有高超工藝的翡翠雕刻師傅能無後顧之憂，願意全心專注在玉雕工藝的創作。這種雙贏的機會可遇不可求，一般珠寶商或消費者要在坊間找到工藝高超的玉雕師傅為其工作，已經不太容易。

玉雕走向精緻化，台灣有沒有機會？

台灣本身與緬甸沒有邦交，以致相互的訊息取得不如一般國家，再加上台灣本地的玉石雕刻工業不深遠也不普及，致使有意前往緬甸當地標購翡翠原石來做生意的台商，所購得的翡翠原料，仍然是要送往中國大陸雕刻切磨，不論在運輸或雕磨上都必須大費周章，才能將一顆顆原石琢磨成一件件美麗的翡

翠出售。

　　再者，台灣翡翠商人對於翡翠被雕磨後的剩料運用，也不如經驗老道的香港或大陸的翡翠玉雕廠，這也是台灣翡翠商人對緬甸地區的公盤拍賣會雖然熱衷，但真正能夠下手標購者，卻是寥寥無幾的主要原因。

中國大陸的翡翠雕刻工藝，從這件蓬萊仙境的三彩玉雕就可見一二

PART 2

翡翠鑑定團
是寶還是草

引言

　　我在節目上，常常給來賓兩個價格：一個是 1,000 元，一個是數十萬、甚至上百萬的價格，讓來賓有陷入地獄、上升天堂的感覺。為什麼翡翠的價格相差如此之大？這是一直以來許多人想要知道的問題。

　　翡翠的價格除了品質差距的影響外，最關鍵處就是，翡翠一旦經過人工的優化處理，就會失去了它的價值。

　　理由很簡單，翡翠學中，一塊翡翠的基礎價值是：

　　一、稀少性。

　　二、美麗性。

　　三、穩定性。

　　一件經過人工優化處理的翡翠，無論是酸液處理的 B 貨，抑或是染色處理的 C 貨，在處理完成之後的當下，都會具有一定的美麗性，但是隨著時間的累積，因為人工優化處理使用的強酸或染色的化學材料，經過化學變化，翡翠會漸漸失去光澤而顯得黯鈍、顏色也會變得灰暗，翡翠的「美麗性」出了問題；再者，經過人工優化處理，翡翠本質的結晶結構也會出現脆性，容易產生裂紋或出現破裂的現象，造成了穩定性的問題；三者，既然是以大量的人工優化處理生產，自然也就缺少了天然翡翠的稀少性。

珠寶鑑價的電視節目將黑心珠寶商的行為與話術一一揭露，對珠寶交易市場自然有導向正常交易的作用

　　綜上所述，一件經過人工優化處理的翡翠，在翡翠學中的基礎價值應有的稀少性、美麗性與穩定性已蕩然無存，想當然，這樣的結論就是人工優化處理的翡翠，自然就無價值了。

　　我說一個近年發生的事件吧！

　　大約三年前，我進入電視圈在〈女人要有錢〉的節目擔任珠寶鑑價師，為了要讓社會大眾了解翡翠的 A、B、C、D 貨的區別，因而我設計了獨特的「兩個價錢」的哏，就是 1,000 元的 B 貨價格與數十萬、甚至上百萬元的 A 貨價格。

　　節目錄製前，我都會先仔細的鑑定翡翠是否經過人工優化處理，再確認該翡翠的市場價值，每一次當主持人說「請鑑價」時，我就大聲說出該翡翠的市場價格。

　　可能是市場需求，也可能是觀眾信任我的專業使然，收視率節節創新高，之後我轉到〈夢想街 57 號〉擔任鑑價師，不到三個月的時間，收視率也多次突破了我的歷史紀錄。我對此

我在東森財經新聞台〈夢想街 57 號〉的鑑價節目

的解讀是喜愛翡翠的社會大眾，對於翡翠的什麼是真，什麼是假，什麼是人工優化處理等，所有與翡翠相關的各種資訊有非常大量的需求。

　　然而就在此時，有少部分珠寶公會的黑心利益團體，見我不斷的將翡翠鑑定與翡翠交易的真相揭露，居然跳出來直指電視節目有擾亂珠寶交易市場之嫌，希望管理國內電視節目的 NCC 能夠阻止電視節目的播出。

　　其實珠寶鑑價的電視節目究竟對珠寶交易市場是好是壞，自有社會公評；但更荒謬的是，在這些打著珠寶公會名義的黑心珠寶店中，居然還有人說，B 貨翡翠不應該只有 1,000 元，而應有數十萬元價值的詭人謬論。

　　在本篇，我將說明何謂翡翠的 A 貨、B 貨、C 貨、D 貨，以及 B 貨、C 貨的製作原理與簡易鑑定方法。雖然翡翠的人工優化處理的技術日新月異，不過翡翠學對翡翠的鑑定，絕對能達到百分之百的正確無誤。讀者看完本章的說明後，就能從中獲得基礎的鑑別知識。

1

A貨、B貨、C貨，還是不識貨？

　　在亞洲地區的香港、台灣、中國大陸甚至日本都是高品質翡翠的主要交易地區，強大的市場需求使得高品質的翡翠日趨減少，於是許多翡翠商人投身研究，以人工方法來提高品質低劣的翡翠，其目的就是希望能將一塊不起眼的低品質翡翠，處理成外觀看似高品質的美麗翡翠，並能得以高價出售。因為有高利潤，所以不斷有新式的人工優化處理方法出現，其中就以早期出現的染色法，以及近年來的酸液處理最受矚目。

　　在翡翠市場的術語中，針對有無經過人工處理的翡翠及人工處理的方式不同，分別以A、B、C、D等代號，來代替各種不同狀況的翡翠。

翡翠的A、B、C、D貨

■ A貨

　　A貨是指天然沒有經過人工優化處理的翡翠。

　　自礦區中挖掘出的翡翠原石，僅經過人為切磨及拋光的過

程，但並沒有施以任何人工化學處理的天然翡翠，都稱為A貨翡翠，也是珠寶市場中真正能完全被接受的翡翠商品。

　　大多數未經過酸洗浸漬處理的天然翡翠，其內部的結晶組織，一般呈現塊狀或纖維狀的結晶結構。

天然 A 貨翡翠手鐲，往往具有上千萬元的價值

■ B貨

　　B 貨是指酸液處理過的翡翠。工作人員利用化學酸劑浸泡，同時加以適當的熱度加溫，使這些酸液進入翡翠結晶體內，將存於結晶體的汙點雜質溶解去除，並將結晶體內的致色元素化合後，最終會呈現本體乾淨無髒點，顏色又特別亮麗的美麗翡翠。

　　此類翡翠佩戴時間一久，原先經由強酸侵蝕後的翡翠結晶結構，將出現被破壞的空晶（因酸液侵蝕的結晶空隙）現象，因此 B 貨翡翠容易斷裂，外表光澤也會因時間的累積而愈趨黯鈍，顏色部分也將漸呈灰暗，最終成為低品質的翡翠。

人工酸液處理的 B 貨翡翠手鐲，看似上百萬元，實則價值甚低

什麼是「小 B」？它是 A 貨還是 B 貨？

　　翡翠若只經過酸洗過程，將不好看的黑色、褐色、灰色等雜質色洗掉，若不經過樹脂填充就進行切磨成品，對於此類翡翠，使用紅外線掃描器來掃描時，會發現翡翠結晶內沒有樹脂的反應，這時缺少經驗的鑑定師就會將之誤判為 A 貨；但事實上，這塊翡翠是被酸液處理過的，通常珠寶市場上稱它為「小 B」。

　　為了區分與小 B 的不同，我特別將經過樹脂填充的翡翠稱為「大 B」。大 B 的翡翠經紅外線掃瞄結果，會明顯出現有樹脂的光譜反應。

　　對我所職掌的鑑定所來說，無論僅是酸洗無樹脂填充的小 B，還是「酸洗＋樹脂填充」的大 B 翡翠，都稱之為 B 貨翡翠。因為無論「大 B」或「小 B」的翡翠，遲早都將隨著時間的演進，外觀品質會愈來愈差，價值自然是不斷下跌。

■ C 貨

　　C 貨是指染色處理的翡翠。工作人員以預先調和的染色顏料，使用高溫加壓的方法，將液態的染色顏料強壓滲入翡翠的結晶結構內部，使該翡翠顏色改變或加深其原有顏色的方法。染色處理的技術不僅可對單一的翡翠全部染色，也可進行部分染色。

　　由於染色翡翠顏色的產生，並不是翡翠結晶內的天然致色元素所形成，而是人工的染料，此類翡翠

人工染色 C 貨翡翠手鐲的價值，比 B 貨更沒有價值

花輪哥不藏私

就翡翠綠色及白色的地方，要如何判斷是 A 貨還是 B 貨？

1. 以燈光由上往下或由下往上照射翡翠，在綠色的部份：

   A 貨：可見色根，方向多呈現不一狀。

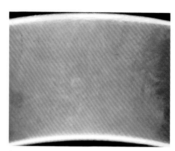

本圖為 55 倍顯微鏡下所看見的 A 貨翡翠結晶結構

   B 貨：色相─綠色位置的紋脈，呈現同一方向的走向。

   酸色─綠色顏色一致，看似無紋脈感。

   擴散色點─深暗綠色部分的邊緣有較淡綠色色調暈出來。

   黑色跟綠色接邊的地方不要切的太俐落，不能是一條線。

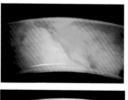

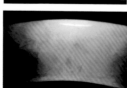

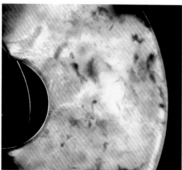

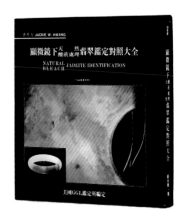

我在 1995 年就出版，如何使用顯微鏡來觀察並區分 A、B 貨翡翠的不同的書籍，其中就詳載我在顯微鏡下所拍攝的上百張 A、B 貨翡翠結晶結構石脈紋的比對照片。該書不僅被國家圖書館典藏，現在也已成為我鑑定所教學部的教科書了

2. 以燈光由上往下或由下往上照射翡翠，在白色的部份——

　A貨：白色翡翠的白色很難達到完全純淨的潔白色，看似白色其實總會帶有些灰色、黃色色調，如果對著燈光看，也會看到紋脈帶有雜質色。

　B貨：螢光白—翡翠白色位置顯得太一致性的純淨，相對會感覺死白。

白色 A 貨翡翠

白色 B 貨翡翠自外觀來看與白色 A 貨翡翠幾乎一模一樣，只是放在顯微鏡下就會現出原形了

大都不需多久，顏色就會開始產生化學變化。只要是有經驗的鑑定師，大都用肉眼就可發現染色翡翠與天然翡翠顏色的色調有所不同。

■ D 貨

D 貨是指翡翠物件先進行 B 貨處理，接著再加上 C 貨處理的方法謂之，也就是先使用酸液處理方法，去除翡翠結晶結構中的雜質，再以人造顏料的染色樹脂高溫加壓填入，將翡翠染色。

人工染色 D 貨翡翠手鐲的價值最低

B 貨翡翠處理的製作過程

翡翠的「顏色」，是決定其價值的最重要條件，而「綠色」更是翡翠最為貴重的顏色，若再搭配高透明度及亮麗的光澤，那價格往往高的驚人。

然而，大多數翡翠的顏色是淺綠色、灰綠色或暗青色及常常包含其他雜色，有時透明度也不高，若再加上多石脈紋、多雜質，這類翡翠充其量是一般品質，其價值與高品質翡翠會相差數十倍甚至上千倍之多。

在這種巨大價差的誘惑下，許多翡翠商人試圖採用各種方法和技術手段，對低品質的翡翠進行人工優化處理，其中，香

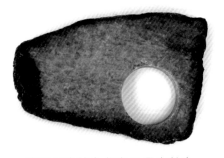

港、中國大陸、緬甸是目前翡翠優化處理的主要生產地，市場所見的 B 貨和 C 貨絕大多數出自這些地區。

這種具有綠色顏色又具有較多的灰褐色髒點的翡翠原石，以酸液處理方式來優化，將會是最成功的 B 貨翡翠手鐲

　　經過長期以來的研究發展，今日已有了很高的 B 貨翡翠的處理水準，優化品與天然翡翠特徵之間的差異愈來愈小，當然也給予翡翠鑑定師很大的挑戰。

　　B 貨翡翠在加工處理程序上可分為：

1. 酸洗處理。

2. 浸漬處理。

3. 填充處理三道步驟。

將低品質的翡翠原石，置於配製的酸液鍋內高溫煮沸，
這是 B 貨翡翠的必經工序

現在市面上交易的翡翠，有部分是僅經過第一道酸洗處理的步驟，就完成了一件 B 貨翡翠的成品，也有的是經過前述三個完整步驟，才完成的 B 貨翡翠的成品。

不論翡翠是否經過這三個完整的處理步驟，只要是強烈的化學溶劑進入翡翠結晶內，破壞了翡翠的結晶組織結構，我與我的鑑定所都將之稱為 B 貨翡翠。

■第一步驟：酸洗處理

自地層內挖掘出來的翡翠原石，有些具有美麗均勻的顏色，有些則是具有些許的黑點雜質，這些雜質會影響翡翠的整體顏色美觀，於是聰明的翡翠商人就發明了使用化學溶劑，不但可以將翡翠外表可見的黑點雜質去除，而且又能夠將翡翠原有的顏色變得更鮮豔亮麗。

處理過程是將翡翠放入鹽酸或硝酸或其他強酸溶液中，在高溫及高壓下進行沖洗的工作。

翡翠酸液處理的作用，是在高溫、高壓下，以強酸來沖洗結晶中的雜質，在酸洗的過程中，翡翠結晶內的一些雜質元素與強酸氧化溶合後，會脫離翡翠的結晶結構流釋出來，而使翡翠結晶呈現純淨的顏色。這種現象在翡翠的行內人中，稱為「去黃」或「脫黃」。

這種經過酸洗的翡翠，其結晶間的空隙必然擴大，因而較易碎裂，使得經過酸洗的翡翠都有較高的脆裂性。

■第二步驟：浸漬處理

翡翠經過酸洗處理之後，如果翡翠外表的顏色及品質的純淨度仍無法達到處理人員的要求時，一般就會進行第二道浸漬的處理。

浸漬處理的主要目的，除了可將較深入翡翠結晶結構內的雜質去除之外，還可以氧化溶解翡翠結晶中的天然致色元素並加以擴散，如此可以使聚集在一處結晶空隙內較深暗色的致色元素，均勻擴散分布

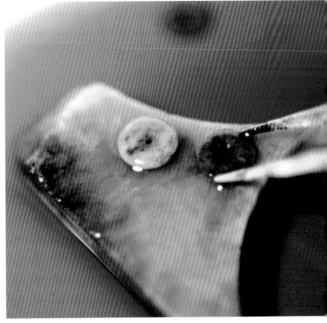

翡翠經過浸漬處理後，左邊的翡翠已浸漬 2 個月，顯然比右邊剛置入 10 天的翡翠乾淨了許多

在其他結晶空隙內，以擴大顏色鮮豔與美麗的範圍。

在浸漬處理的過程中，許多處理人員是使用經過調和的冰醋酸來浸漬。目前翡翠市場上，有部分的 B 貨翡翠，就是僅處理至浸漬的步驟，就完成了美麗的 B 貨翡翠成品。

經過酸洗浸漬而無填充的翡翠，由於其結晶結構被嚴重破壞，如果經常擦拭表面，將會產生粗糙的感覺，有時還會呈現出黯淡的外表光澤或出現白點或白花，甚至還會出現小凹孔，因此需要下一步樹脂填充的處理。

一支正等待抛光去除殘留多餘的人工樹脂的 B 貨翡翠手鐲

■第三步驟：填充處理

將經過浸漬處理後的翡翠，以環氧樹脂或光學填充劑等高分子聚合物來填補其被浸漬後擴大的結晶空隙，稱之為填充處理。

在填充處理的過程中，首先將翡翠置於真空容器內，使用真空泵將翡翠結晶內部的空氣抽出，再置於加熱的液態高分子聚合物中，進行高壓填充，使高分子聚合物在真空狀態及強大的壓力下填入翡翠的結晶空隙內，當結晶空隙內充滿了填充物後，再將翡翠自真空容器中取出加以冷卻，如此就完成填充處理的初步工作了。

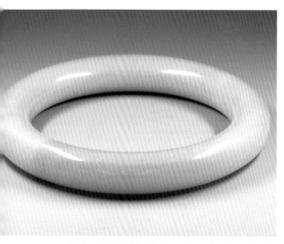

現在人工酸液處理一支一般白色 B 貨翡翠手鐲，大約 10 天就可以完成了

現在人工酸液處理一支高品質的 B 貨翡翠手鐲，大約 20 天就能完成

經過填充處理過的翡翠，為了去除殘留在翡翠表面的高分子聚合物，最後還要進行拋光的手續，如此才算完成所謂的翡翠填充處理了。不過在填充處理的過程中，也有處理人員因處理方法或使用工具的不同，依據周邊的環境及方便性而調整的狀況，例如比較簡單的一種方法，是將翡翠與樹脂共同放置於小容器中，再將其置於一般微波爐中加熱，如此反覆持續的處理，直到處理人員感到滿意為止，不過這種簡單快速處理後的效果，是大不如前者。

目前市面上所出現的高品質 B 貨翡翠，有許多是經由高熱、高壓下，以無色的酸性化學溶劑，將翡翠表面及晶格中含鐵的雜質去除，同時這些溶劑在翡翠結晶內與天然的鉻元素進行溶解，使其外表看來顏色能均勻擴散在整塊翡翠結晶中，成為美麗高價位的翡翠。

花輪哥不藏私

加熱處理是 B 貨？

翡翠經過長期的加熱處理後，結晶內黃、褐色的鐵元素會慢慢擴散，能將翡翠的黃褐色的顏色往外擴大，這可由觀察翡翠紋脈內的鐵元素擴散痕跡，作為判斷的基礎。

經過加熱處理的翡翠跟 B 貨翡翠不同，它是屬於天然的翡翠，目前翡翠學仍將加熱處理的翡翠認定為天然的翡翠。

B 貨翡翠處理後的結果與副作用

B 貨翡翠在處理過程中，如果經過良好的控制，翡翠結晶空隙中的雜質，將會被酸性化學溶劑所清除，而使得整塊翡翠變得較為透明純淨，翡翠原有的顏色也會擴散得較為鮮綠均勻，但因為化學溶劑一直是殘留在翡翠的結晶內，持續而緩慢的不斷對翡翠產生化學變化，長期下來，翡翠的結晶結構也會被此種酸劑侵蝕破壞而較易於斷裂。

如果以高價購得此類 B 貨翡翠，假以時日，翡翠必然會由鮮豔亮麗的顏色漸漸變化成灰黯的色調，而且其外表的光澤也會漸趨黯淡。

所有的 B 貨，只要處理的過程，時間拉得愈長，顏色會處理得愈均勻。但也因為時間拉得太長，所以結晶結構會變得很脆弱，因而必須灌入樹脂，待樹脂灌進去以後，再將表面拋光，如此就算完成了一件 B 貨的翡翠了。

A 貨翡翠顏色不會變得更差，而且有可能會隨著時間演進愈來愈亮麗；B 貨翡翠剛好相反，B 貨翡翠一定是愈來愈糟。

我常說，你第一次看

經過強酸處理的 B 貨翡翠之結晶結構相對比較脆弱，稍經碰撞就容易出現斷裂的狀況

到 B 貨翡翠時，永遠都是它這一輩子最美麗的時候，因為它的外觀明天鐵定比今天差，而後天又要比明天差。我要講的是，對於一塊 B 貨翡翠，當下你可能可以賣給別人 1 萬元，可是因為它的外觀肯定會愈來愈差，所以會一日比一日更跌價，總有一天會來到 1,000 元的價位。

這就是為什麼我們會強烈建議賣方在銷售 B 貨翡翠時，應該完整揭露這個真相，在美國，如果不揭露真相是犯法的，因為這就是一種詐欺。

2

B 貨翡翠的判斷方法

　　由於 B 貨翡翠的礦物組成成分仍然是天然的翡翠，因此僅靠一般的寶石學鑑定儀器，如折光儀、析光譜儀、偏光儀、濾色鏡等所鑑定出來的物理特性，來區分 A、B 貨翡翠是毫無效果的。

　　不過 B 貨翡翠既然經過酸液處理，其結晶結構中必定含有殘餘的酸液反應，如果又經過樹脂填充處理，在結晶結構中，必然也會有填充的樹脂反應出現，如果能夠充分了解 B 貨翡翠在酸液處理過程的方法與目的，就能理解 B 貨翡翠經酸洗或填充處理後的結晶結構與致色元素的變化狀態，只要加以正確的訓練，鑑定師是能夠從顯微鏡或手持放大鏡的觀察中，分辨出 A、B 貨翡翠的特徵。

　　想要精準判斷 A 貨還是

早在 1994 年起，我所創辦的美國國際寶玉石學院（GII），就已經完成了 A、B 貨的所有報告，這是顯微比對儀

B 貨，有時候也需藉助紅外線掃描器等精密的儀器，但是一般店家及消費者不可能具備這些高端儀器。因此，在我所創辦的教學部內，都是教授學員如何使用放大鏡來區分 A、B 貨翡翠的不同之處。

以下與讀者分享幾個簡單分辨 A 貨與 B 貨的方法，只要您仔細閱讀，絕對能降低買到 B 貨的風險。

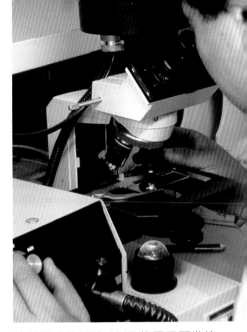

這是當時使用的 1200 倍電子顯微鏡

1. 觀察 B 貨翡翠的顏色

天然的翡翠結晶如果是純淨的，其外觀就是白色的，也就是說翡翠之所以會有顏色，是因為外來存在於結晶內的微量致色元素所致。簡單的說，翡翠的綠色是因為外來的鉻元素所導致，紫色則為錳元素所導致，至於紅、黃、黑的顏色則是鐵元素所成，因此翡翠會成為何種顏色，端賴結晶內存在何種的微量致色元素。

微量致色元素在翡翠結晶結構內分佈的狀況，就是形成翡翠顏色多樣化的來源，當這些翡翠結晶內的致色元素遇到了強酸會怎樣呢？

在 1992 年，我就做過了多重的實驗，如果在相同的溫度、相同的時間、相同的強酸浸泡下，其結果如下：

(1)翡翠結晶內的鐵元素，將會漸漸的溶解，而慢慢的自翡

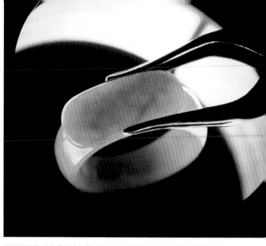

翠結晶內流釋出來。

(2)翡翠結晶內的錳元素，直至翡翠的結晶被強酸破壞殆盡也不會溶解。

(3)翡翠結晶內的鉻元素遇到強酸，將會漸漸的微量溶解，但其被溶解的同時，

用顯微鏡觀察翡翠的石脈紋與顏色的變化，是我二十多年來的成就與教學工作

翡翠的結晶結構也正逐漸的被破壞。

依據上述實驗結果，對於一塊具有褐、灰色雜質的翡翠而言，去褐就可以用 B 貨的方法使其結晶潔淨，並呈現較為鮮豔的顏色，外觀看起來就會更美麗些。至於對一塊具有綠色的翡翠而言，用 B 貨的方法可以去褐、去灰外，還可以將綠色微量致色元素溶解，翡翠被溶解的綠色與天然未被溶解的綠色的色調會有所不同，我們稱之為「酸色」。

至於紫色翡翠的 B 貨手法，只能將本身的褐、灰色雜質洗滌乾淨而已，只是大部分的 B 貨紫色翡翠都會使用樹脂填充，此時我們就要配合使用紅外線一起鑑定了。

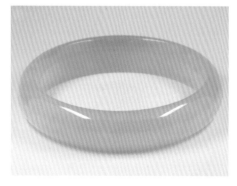

這是一支標準酸色的翡翠手鐲

2. 觀察翡翠的紋脈呈現

經過酸洗的翡翠，在酸洗的過程中，結晶空隙不斷被侵蝕，結晶紋脈漸漸會從原本結構的棉團狀出現同一個方向的刷洗流向

的酸蝕紋脈，這種酸蝕紋脈，對有顏色的部分，翡翠學中稱為「色相」，對白色的部分，寶石學中就稱為「類似流紋」，而無論是「色相」或是「類似流紋」，都是鑑定 B 貨翡翠時的重要證據之一。

花輪哥不藏私

是「黑點」還是「氣泡」？

1. 依據實驗後的理論基礎，用簡單的說法，絕大部分的天然翡翠在不同的位置都會有黑點的存在，只是數量多與少的問題而已。

   當然不是只要有黑點的就叫做 A 貨翡翠，反而是要注意黑點的形狀，如果黑點出現向外暈開的形狀，那就要特別注意了。

2. 還有，基本上天然的翡翠結晶內不可能有氣泡，當觀察到物件結晶內出現氣泡，那就絕對不是翡翠了。

仿冒翡翠的人造玻璃飾品

在顯微鏡下有清晰可見的氣泡

3. 觀察填充樹脂的紋路

　　人造樹脂的本質不經熱，長期遇到冷熱的變換，就會出現龜裂現象；同樣的，一旦 B 貨翡翠結晶內填充了人造樹脂，時

日一久，也會出現龜裂的狀況，此時，外觀看起來就像是翡翠出現了裂紋般，使得翡翠的價值性大幅下降，有時候持有人會誤以為是自己碰撞出現的裂紋。其實，這也就是為什麼我常在電視節目中說，B 貨翡翠的價值僅有 1,000 元的理由了。

再說深入一點，除了 B 貨翡翠的白色樹脂外，我也見過填充綠色樹脂的 B 貨翡翠，無論是白色或綠色人造樹脂，都會呈現塊狀結晶，翡翠學中稱為「填充結晶」。「填充結晶」就是樹脂產生裂紋後，在視覺上會覺得翡翠的紋路出現了塊狀，而這種塊狀與天然翡翠結晶結構的雲團、棉團狀的呈現是不同的。

花輪哥不藏私

翡翠的「拋光」VS「B 貨填充」

拋光師傅在翡翠切磨雕刻完成後，大都會進行燉蠟的處理，他們將翡翠浸泡於液態石蠟中加熱數小時後再進行拋光處理，如此翡翠就不會出現「類風乾橘子皮表面」般的凹凸不平，而以亮麗的外表光澤呈現。

這種燉蠟處理與 B 貨翡翠的填充處理方法是不同的，其結果也不會侵蝕翡翠內部的結晶，是屬於可接受的人工加工處理。

翡翠手鐲都會進行燉蠟處理，之後再拋光就完成了天然加工的程序

4. 敲擊的聲音

很多玉商會教你用敲擊翡翠的方法來辨識翡翠的 A、B 貨，耳聽「鏘鏘鏘」或「叩叩叩」來判斷是 A 貨還是 B 貨，嚴格來說，此方法很容易有誤差的，只能當作一般的參考條件而已。

許多專家經常使用聽音法來判斷，也就是使用兩塊翡翠相互輕敲並注意其發出的聲音，如果其音有如榔頭敲空心的石磚上發出空洞的聲音時，就「可能」是 B 貨；反之，如果聲音清脆悅耳，則「可能」是未處理過的天然 A 貨翡翠。

花輪哥不藏私

玉也有毛細孔？需要用嬰兒油勤保養？

總括來說，天然翡翠不怕冷、不怕熱、不怕濕、不怕乾，也不怕超音波洗滌，更能耐得住攝氏 100 ～ 200 度的高溫，所以都不需要特別的保養，有很多愛玉者會「獨創」特殊的保養方法，比如說塗抹嬰兒油等，其實這些都是多餘的。

這是因為翡翠的硬度是 7，空氣中的粉塵或者是地上的鵝卵石，其硬度大多在 6.5 以下，所以翡翠不太容易被別的東西刮傷，就算拿水晶或鋼刀去刮擦翡翠，都不會刮傷翡翠，只有硬度高於 7 以上的物質才有可能刮傷翡翠，如鑽石的硬度為 10，就會刮傷翡翠，這也就是現在雕刻工具中，最好的就是用鑽石製作的鑽頭工具。

但是翡翠怕碰撞，因為撞擊會使翡翠產生裂紋，所以翡翠在保養或佩戴上，一定要避免碰撞。

　　然而，這種方法雖然聽似符合邏輯，但是並非每一塊天然翡翠的內部結晶結構都是相同的，實際上，每一塊翡翠的結晶結構都不相同，有的非常的密實，有的則相對的鬆散。相同的道理，經過酸液處理的 B 貨翡翠結晶結構，其被掏空的程度也各不相同，未必一定會被掏空到發出空洞的聲音，所以這種聽聲音辨別法，僅可以當作辨別翡翠 A、B 貨的一種參考依據，而不能作為鑑定 A、B 貨翡翠的決定性方法。

5. 是否有螢光反應

　　天然的翡翠置於紫外線下照射時，大都沒有螢光反應，只有少部分的白色翡翠會出現微弱的黃色螢光反應。

　　人造樹脂在紫外線下照射時，必定會出現較強的螢光反

這是一支經過樹脂填充的 B 貨翡翠手鐲

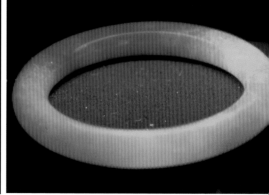
將左邊的手鐲置用紫外線照射時，就會出現強烈的螢光反應

應，所以以此類推，只要被人造樹脂填充的 B 貨翡翠，就會出現一定強度的螢光反應。

以假亂真的 C 貨，麻雀變鳳凰，
爛石頭變身翡翠飾品

最初翡翠的染色方法，主要是針對質地乾淨、色彩淺淡或白色的翡翠進行人工優化處理，但後來因為市場的大量需求，幾乎所有的低品質翡翠也可能運用染色法，使得一塊不起眼的翡翠，變成鮮豔顏色的高價翡翠。

花輪哥不藏私

「蜘蛛網紋」還是「雲團狀紋脈」？

染色的翡翠，以染綠色最多、染紫及紅色次之、染黃色則較為少見。

蜘蛛網狀的紋路是染色翡翠重要證據的專有名稱。

染色翡翠的過程，就是將翡翠加熱，使其結晶空隙膨脹加大，然後再將人工染色劑灌入已被加大的結晶空隙內，這種手法簡單快速，可以使一塊毫不起眼的低品質翡翠在處理完成後，看起來就像高品質的翡翠物件。

當這個染色的翡翠物件，經由放大鏡去觀察其石脈紋時，就會看見如蜘蛛網的紋路了。

染色的方法是，翡翠商人將翡翠置於預先調配的染色顏料鍋內，再用高溫、高壓的方法，將顏料灌入翡翠的結晶空隙，如此就完成了一塊所謂的人工染色翡翠。

玉飾佩戴久了會變色？

節目上，有個來賓表示，她有一個玉墜子戴久了，墜子從淡青色變成蜜糖色。

許多人認為這是人體的溫度所致，翡翠佩戴在人體身上，會變得愈來愈綠，這樣的說法是正確的嗎？

如果你問我，**翡翠戴久了會不會「變綠」？**

我的答案是：可能會，是要看情況的。這個答案的前提是，該翡翠一定是 A 貨，而且結晶內要存在一定數量尚未完全蘊變的微量致色元素。

但是如果你問我，**翡翠戴久了會不會「變黃」？**

我的答案是「天然的不會，但是 B 貨翡翠就會」。

經過人造樹脂填充的翡翠，因為填充的樹脂都是白色或無色，只要時日一久，經過溫度的變化，就會漸漸泛黃，此時的翡翠看起來就像是變黃了。但這所謂的黃色，絕不是漂亮的黃色，而是像白衣服洗久了會泛黃的那種感覺，顯得有些髒髒的黃。

我說一個早期發生的真實故事。

有一對夫妻在某個結婚紀念日，購買了一對翠綠色、光澤也亮麗無比的龍鳳玉珮，夫妻倆從事餐廳事業，太太在前台掌管外場及帳務，但隨身佩戴著鳳玉珮，而先生是廚房的大廚，他把龍玉珮收在保險櫃內存放。

沒想到三年後的某日，當先生把龍玉珮拿出來佩戴時，發現與太太的玉珮，無論顏色的色調或光澤度都完全不一樣了，更遑論當時是成對的商品，經過鑑定後才知道，這兩件龍鳳玉珮都是人工染色的翡翠，太太的鳳玉珮每天佩戴，自然會受到外在陽光、洗澡、流汗等因素產生化學變化而加速退、變色，而先生的龍玉珮因為一直被收納在保險櫃內陰暗處，相對能夠維持原有的染色色調與光澤。

翡翠是否變色，端看「致色元素」

翡翠早在地底下尚未被挖掘出土時，結晶內的微量致色元素就已經開始氧化漸漸呈現顏色了，這些致色元素的氧化，我們稱為致色元素的蘊變，至於致色元素在地層底下是不是完全的蘊變完成，那是依據致色元素的多寡與時間來決定的。

因此，致色元素在地底下就已經開始氧化產生顏色，我們使用「蘊變是否完成」的名稱來代表這些致色元素的氧化是不是已完成。

如果翡翠的致色元素蘊變已經完成的話，人們將它自地層下挖掘出來後，也不會再變色，因為已經沒有可再供它氧化的致色元素了。但是如果致色元素在地層下正在蘊變，並且在

人工染紫色的翡翠，對不知道實情的買家來說，可是一件重傷害呀！

此時，被人們把它從地底下挖掘出來，此時致色元素在地層上仍會繼續產生蘊變，如果再加上切磨加工的過程，賦予它不同的環境溫度，有時甚至還會加速翡翠的顏色蘊變。另外，翡翠在切割完成成為首飾品時，也可能會受到佩戴時外在環境的影響，持續的讓致色元素蘊變，因此對佩戴者來說，就會認為，好像幾年前不是這個顏色，幾年後卻變成這種顏色，因而有「玉愈戴愈綠」或「玉在改變顏色」的感覺。

我打一個簡單比喻：當鋼筆的墨汁滴到白襯衫上，為了想去除墨汁的顏色會一直洗它，這時墨汁會愈來愈擴散，顏色會暈散開來，範圍也就加大；可是暈散到一定程度以後，墨汁再怎麼洗，顏色也不會再暈開，範圍也不會再擴大，這就是指墨汁已擴散殆盡，此後已沒有墨汁可再擴散了。

此時如果你問我：是否能買到蘊變未完成的翡翠？

我會說：端賴個人運氣而定，因為這無法從翡翠的外表來判斷。但是如果你買的是白色翡翠或是冰種翡翠，就沒有蘊變的問題，因為它們的結晶內原本就沒有致色元素，這種翡翠永遠就是白色的顏色。

翡翠佩戴在人體身上會愈來愈綠，其實就是一種物理跟化學的變化。

天然的翡翠不論是綠色、紫色或黃色，這些顏色來源都是結晶體內的微量致色元素，顏色既不會消失，更不會變得黯淡。反而人工染色的翡翠，顏色的來源是靠人工染料滲入翡翠的結晶體空隙中，只要時日一久，人工染料必定會因為外在環境因素而出現化學變化，自然就會褪色或變得黯淡無光。

請永遠記住，只有天然的 A 貨翡翠，其顏色才有可能愈來愈鮮豔亮麗

花輪哥不藏私

翡翠鑑定工具介紹

　　購買翡翠，我的建議是，10萬元以上的翡翠都應該要「很挑剔」，因為在未來要換貨或是賣掉時，別的買家也會很挑剔，所以在購買的當下，最好能要求店家提供簡易的鑑定工具去觀察，現場看明白了，才不會被當成冤大頭。

　　這些鑑定工具，就是筆燈、十倍放大鏡與寶石擦拭布，一般銷售翡翠的商人都會有所配置。

1. 筆燈

　　對翡翠石脈紋的簡單辨認，可使用一支筆燈由側下方往上斜面的照射，經過正確光源的透出，可觀察翡翠透明度的高低。

2. 十倍放大鏡

　　十倍放大鏡也是觀察翡翠必備的工具之一。它可觀察B貨翡翠經過酸洗後的酸色、色相、螢光白及表面酸蝕紋，或是一塊塊經過填充灌膠的塊狀物，這些在十倍放大鏡下都會顯現的非常清楚。

3. 寶石擦拭布

　　在鑑定翡翠時，我們手上的油漬或汗漬都會影響觀察過程，所以準備一塊寶石擦拭布非常必要，在觀看翡翠前事先擦拭，可以同時去除翡翠上可能留下來的指紋印。

筆燈、十倍放大鏡、寶石擦拭布是鑑定師必備的三件工具

綜合以上所言，以及我所做的實驗結果是：

　　一塊翡翠經過人體的長期佩戴，因為汗水沁入的結果，翡翠將會變得愈來愈黃，但是這種黃僅止於一定的翡翠表面程度，只要經過洗滌，是會被去除的。

　　將染色翡翠長期佩戴在手上，受到汗水、日光照射或游泳等外在因素影響，很容易使染色劑漸漸分解溶失而變色。

PART 3
首飾雕件這樣挑
買對價值倍增的翡翠潛力股

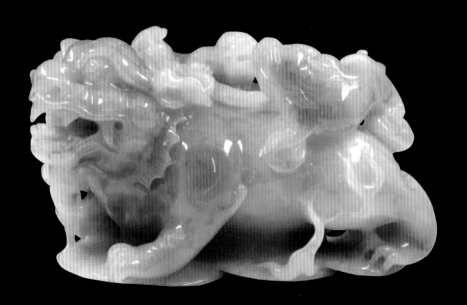

引言

過去我在電視節目上鑑價時，常常會發生下列的情形：

來賓在數年前花了 10 萬元買的翡翠，現在自己預估的價值可能增值到 20 萬元，沒想到我的鑑價結果只給了 8 萬元。

許多時候，翡翠之所以不如買家所想的漲價，甚至出現比當時購買時的價格還要低，其實，這不是翡翠「跌價」，也不是物件不夠好，而是當初買家「買貴了」。

還有個情況是，來賓帶來鑑價的翡翠，表面顏色看起來一般般，可是因為有一小塊「正綠」，價格會立刻從 1 萬變成了 10 萬元。反之也會因為物件上有一塊「黑」，而讓翡翠的價格又少了好幾萬。

我要說的是，翡翠的顏色，只要一點點，而且就是那個「一點點」，就能夠讓交易價格相去甚遠，這也就是翡翠市場令人玩味的地方。

在此，我講一個真實故事──

某日在一個朋友的餐會上，席間大夥從政治談論到經濟，最後話題落在現場兩位女士佩戴的翡翠手鐲上。

A 女士佩戴的是一只白色其間有一段約兩公分長翠綠色區塊、透明度高的翡翠，而 B 女士也佩戴極為相似的手鐲，但翠

綠色區塊範圍較大，約有三公分長。

朋友起鬨，請我當場鑑價，每次屢屢碰到這種情況「只要說真話，就是一件得罪人」的事兒，都讓我很為難，但拗不過主人的要求，還是先說了 A 女士的手鐲為 60 萬元，只見 A 女士臉色一沉，說道：「這可是我先生在二十年前的結婚紀念日，特地到香港買給我的禮物，當時的買價折合新台幣就是 60 萬元，難道到現在一毛都沒有漲？」

頓時，現場的氣氛顯得有些尷尬⋯⋯

雖說如此，我還是得繼續說出 B 女士的手鐲價格，因為綠色區塊較大，我的估價為 150 萬元，只見 B 女士滿心歡喜地說：「這是我在千禧年時在台灣的珠寶店，以 55 萬元買來的。」此時她臉上好似佈滿了愉悅的音符，連說話的音調都帶著興奮感。

宴席散會後，開車回家的路上，我被太太一路唸到家⋯⋯

從以上這個故事可以得知，大家對於翡翠價格高低的認知，都是以「自己的買價」來衡量，可是翡翠的價值依據，是本著「顏色」、「透明度」、「光澤度（即表面的亮度）」、「乾淨度」與「切割標準」這五個重要因素，來決定價值高低；而在這五個因素中，又以「顏色」作為最重要的價值依據。

因此，本篇我要跟大家分享一些判斷翡翠品質的方法，了解翡翠市場的「共同語言」。有了這些基本觀念之後，我再講解判斷翡翠飾品與翡翠雕件的「撇步」，讓讀者們可以買得安心，進而減少「買貴」與「買錯」的風險。

1

好翡翠過五關——

顏色、透明度、光澤度、乾淨度、切割標準

　　自古以來，愛玉人士就喜愛為中國古玉的特質加諸一些商業名稱，如白中帶微黃色的閃玉被稱為「雞骨白」；潔白溫潤的閃玉為「羊脂白玉」等。同樣的，清初時，緬甸輝玉首度進入中國，而綠色輝玉成為慈禧太后的最愛，被稱為「翡翠」，一直流傳到了後世，現代人都以「翡翠」之名取代了「輝玉」名稱。

　　中國早期朝代都以逐鹿中原為志，廣義而言，中原就是涵蓋整個內陸版圖，觀之古玉中的閃玉所製的器皿，其石材多半來自中國內陸的新疆，翡翠則在清朝乾隆時期才由緬甸傳至中國。

綠色翡翠是人們的最愛

　　閃玉與緬甸翡翠是完全兩種不同的礦物。閃玉的綠色不如緬甸的翡翠來得翠綠，閃玉的石材特性使其光澤度也無法如翡翠般的光亮，在價值上來

說，除了具有歷史價值的閃玉器皿外，閃玉一直都無法與翡翠相比擬，然而翡翠雖然價高，卻也不是件件皆美。

現今台灣地區「珠寶店」中所販售的「玉」，全都是由緬甸出產的翡翠所製的成品，而這些以翡翠製成的首飾，都是以完成品的外觀品質來判斷其價值，此與古玉類所評價的歷史遺跡或年代長久等因素皆無關。

早期有不少喜愛翡翠人士，是以手指觸摸翡翠的冰冷感覺，來判斷翡翠的真假，也有人以輕敲翡翠後發出的音階，來判斷翡翠的品質，更有人以翡翠的礦區產地，如「老坑」與「新坑」來判定其價值。林林總總的鑑別方法，雖不能說是錯誤，但也表示出翡翠市場對於鑑定方法的渴望程度。

事實上，老坑之名，是指緬甸北方早期名為老坑的一個礦區，由於這個礦區，有為數不少上品等級的翡翠被挖掘出來，因而翡翠商人漸漸以老坑之名，做為最高品質的翡翠代名詞。

Dragon Cement Factory 的翡翠礦區

Dragon Cement Factory 切磨大件
的翡翠原石

Dragon Cement Factory 切磨小件
的翡翠原石

　　延至今日，許多翡翠業者，將顏色如鮮豔亮綠的翡翠，一律以「老坑翡翠」稱之，除了代表極高品質的翡翠等級之意，也希望藉由老坑的名稱能夠賣個好價錢。

　　老坑礦區時至今日幾乎已挖掘殆盡，而今日緬甸北方的另一塔馬礦區，也就是被稱為新坑的產地，聚集在這裡的一百多個大小不一的礦區，是現今緬甸主要的翡翠產地。

　　然而隨著經濟的富裕，喜愛翡翠的人士也不斷地增加，翡翠市場上除了老坑種、新坑種的名稱外，還有許許多多的的翡翠商業名稱，人云亦云的被濫用，也就因為翡翠名稱的標準沒有準則，因而讓許多人對翡翠的品質無所依從。

　　根據「中華民國珠寶玉石鑑定所（GGL）」的翡翠分級方式，將所有翡翠分別以「顏色」、「透明度」、「光澤度」、「乾淨度」等四個先天品質，再加上一個後天人為的「切割標準」為依據，來做為翡翠整體品質的鑑定方向。

一、顏色

如果是一塊純淨的翡翠，其結晶應該是白色。好比一塊方糖是由許多細砂糖擠壓而成，若砂糖本身很乾淨，擠壓形成的方糖看起來就會是白色，但如果砂糖中混入不同顏色的沙子，那麼方糖上就會看到其他顏色的呈現。翡翠的結晶與顏色的關係，就如同方糖一模一樣的。

而翡翠就像一顆方糖，也是集合了很多微小的晶體所形成的大結晶體，翡翠純淨的時候也是白色的，先前提到，翡翠之所以會有不同顏色的外表呈現，是因為翡翠在地層內生成時，有其他微量致色元素在其結晶結構共同生長所致，隨著這些外來的致色元素的類別不同，就會造成翡翠出現不同顏色的外觀。

例如，致色元素鉻會創造出綠色的翡翠，致色元素錳會創造出紫色的翡翠，而紅色、黃色、褐色的翡翠則是靠致色元素鐵（顏色的不同，主要視鐵元素成分的多寡及氧化程度而異）

翡翠的綠色是致色元素鉻所導致

翡翠的紫色是致色元素錳所導致

翡翠的紅色、黃色、褐色是致色元素鐵所導致

所提供的。因此翡翠的顏色，可說是完全根據翡翠結晶內的致色元素而定，這些會導致翡翠產生顏色的致色元素在寶石學中被稱為「微量致色元素」。

　　中國大陸習慣將各種顏色的緬甸玉，都稱為「翡翠」，早期的台灣則略有不同。在台灣的珠寶市場上，顏色屬於上品的綠色緬甸玉才有資格被稱為翡翠，但今日已漸漸與大陸使用相同的名稱了。

　　雖然中國人對翡翠的喜愛甚過於其他寶石，但是一直以來，中國或歐美寶石學中都沒有為翡翠的品質分級做統一而完整的劃分。我於 1990 年在美國開辦的 **GII** 美國國際寶玉石學院，就已經根據寶石學中的顏色標準，再依國人對翡翠獨有的特徵喜好，將綠色翡翠的顏色劃分出等級，讓喜愛翡翠的人士易於分辨，此顏色等級已在我出版的《顯微鏡下天然 & 酸液處理翡翠鑑定對照大全》中有完整的說明，在此以更簡易的方式說明如下：

翡翠老坑種的顏色

1. 老坑種

　　翡翠的老坑種名稱是廣泛的描述翡翠的顏色，並不只侷限於緬甸的老坑礦區所產的翡翠。

　　老坑種是翡翠顏色的最高等級，其顏色為中深度亮麗的純綠色，或是翠綠中帶有極微量的藍

色色調，顏色的分布均勻且沒有白色或
其他雜色存在。

2. 金絲種

　　金絲種是翡翠顏色中的第二等級，
以老坑種的顏色為準，新坑種的顏色比
老坑種更為深濃些，顏色同樣是分布均
勻且沒有白色或其他雜色。

翡翠金絲種的顏色

3. 新坑種

　　顏色比老坑種要淺嫩一些，綠色中
帶有極微量的黃色色調稱之為新坑種。
當然，新坑種的顏色分布也必須均勻，
而且也不能有肉眼可見的白色或其他雜
色分布。

翡翠新坑種的顏色

4. 蘋果綠

　　蘋果綠等級的翡翠，其綠色比新
坑種的綠色還要帶更多的黃色色調，而
且顏色分布也會不如上述老坑、金絲、
新坑種般的均勻。如果以肉眼觀看該翡
翠，已可隱約見到微量的石脈紋路出
現，如果再使用 10 倍放大鏡觀察，則可
見到點狀或針狀般的微小石脈紋或雜質。

蘋果綠的旦面翡翠

蘋果綠加上高透明度的　　蘋果綠的翡翠手鐲之二　　蘋果綠的翡翠手鐲之三
翡翠手鐲

　　不論老坑、金絲、新坑或是蘋果綠的翡翠，如果原料夠用，首選都是切磨成手鐲出售，若是原料太小或是顏色分布不均等問題，就會切磨成圓凸型的旦面飾品，第三才是雕刻成墜子首飾出售。現今的珠寶市場或拍賣會中，這四種顏色等級的翡翠售價，低則數十萬元，高則上千萬元的被人搶標購買，價格的高低，主要是看此物件是手鐲、旦面還是墜子了。

5. 花青綠

　　此種等級的翡翠，其綠色部分為純正的翠綠色，但由肉眼觀看其顏色分布狀況，已能明顯看出團狀的綠色與白色，或出現與其他顏色的交織呈現。

花青綠顏色的　　　　　　花青綠顏色的　　　　　　花青綠顏色的
翡翠手鐲之一　　　　　　翡翠手鐲之二　　　　　　翡翠手鐲之三

此類翡翠可能會出現些微黑點雜質或石脈紋路，價值的高低，則按其雜質或石脈紋路呈現的多寡而決定。花青綠等級的翡翠，由於其綠色的色調仍為翠綠色，如果再搭配不錯等級的光澤度及透明度的手鐲，若是在 1990 年的翡翠市場，其售價往往也需數萬元至數十萬元新台幣不等，但是到了 2015 年本書出刊時，相同等級的花青綠翡翠手鐲至少已在新台幣百萬元以上。

6. 雲狀綠

　　雲狀綠的色調簡單定義為「混濁的綠色」，此類翡翠的綠色色調已含有其他副色系，如綠中帶灰色或褐色的色調，使得主色系已非翠綠色，而是呈現暗綠色或青色的顏色。

　　早期，由於市場供需的原因，此類等級的翡翠，大都被拿去雕磨製成各類大、中、小型的雕刻擺件、握件出售，極少製作成首飾類。不過如果能夠運用玉雕師傅巧雕的功夫，雕出色、物相配的巧件，有時也能獲得頗高的評價。

雲狀綠顏色的
翡翠手鐲之一

雲狀綠顏色的
翡翠手鐲之二

雲狀綠顏色的
翡翠手鐲之三

花輪哥不藏私

現在買翡翠，三種色為首選：綠色、紫色、無色

　　翡翠交易市場中有句行話：「寧買有色無種，不買有種無色。」指的就是翡翠的品質，最重要的就是顏色。

翡翠顏色排行榜：綠色＞紫色、無色＞紅色＞黃色＞白色＞黑色

　　以顏色上來說，翡翠的綠色永遠是第一名，紫色第二（紫色翡翠分為偏紫色與偏藍色兩種），紅色第三，黃色第四，白色第五，黑色第六，早期一直以來都是如此排列等級；但如今市場通稱的冰種翡翠，就是指具有高透明度的無色翡翠，價格直線上竄，到2015 年的時候，其價值已能與紫色的翡翠相提並論了。

❶綠色的翡翠手鐲　❷紫色中偏粉紅色的翡翠手鐲　❸紫色中偏灰色的翡翠手鐲
❹紫色中偏藍色的翡翠手鐲　❺無色的翡翠手鐲　❻紅色的翡翠手鐲
❼黃色的翡翠手鐲　❽白色的翡翠手鐲　❾黑色的翡翠手鐲

原則上，各方面屬高品質的紫色翡翠跟綠色一樣，價格都是無上限的，可是紫色翡翠有90％以上的結晶顆粒屬比較粗的結構，以致透明度相對較差，石脈紋路也比較多，有時用肉眼觀察就可以清楚看到石脈紋路，當然外觀看起來就沒有那麼漂亮，價值也就會跟著下降。

紫色翡翠的結晶顆粒都屬比較粗的結構，以致透明度相對較差

換句話說，紫色翡翠有90％的結構品質屬於比較差的等級，大約只有10％的結構品質屬於高檔商品，也只有這10％紫色翡翠的價格，才能跟綠色翡翠一樣價格無上限。

無色的旦面翡翠

另外，過去有位總統夫人非常喜愛佩戴透明度高的無色冰種翡翠，在名人效應下，此類冰種翡翠的地位與身價，自2004年開始水漲船高，10多年後的現在，甚至能與紫色翡翠並駕齊驅。

買翡翠要避開「青」與「黑」

雖然致色元素會為翡翠帶來不同的美麗色彩，如眾人喜愛的翠綠色、紫色等；但也有些致色元素提供的顏色反而成為敗筆，有損其價值，此時反而「無色勝有色」。

比方說，致色元素中的鉻元素加上鐵元素就會形成青色，但這種青色會讓翡翠的綠色看起來濁濁髒髒的，外觀顯得不討喜，所以翡翠的顏色千萬要避開青色。

翡翠的顏色要避開青色

翡翠的顏色要避開黑色

還有一種翡翠的綠色屬於深暗的綠色，也就是「墨綠色」。這種顏色以肉眼觀察的時候就像似黑色，若再加上不高的透明度與光澤度，那麼在市場上的價值就相當有限；但珠寶商人還是給它一個很好聽的名稱叫「墨翠」。

翡翠深暗的綠色，也就是墨綠色，市場名稱為「墨翠」

只不過，時間改變了翡翠的價值，在 2014 年 6 月份的緬甸公盤拍賣之前，一

在 2014 年 6 月緬甸公盤拍賣之前，此類翡翠原石相對不受買家青睞

只帶有「鮮綠色」的手鐲，因為其他部分有明顯的黑色，相對不太受到一般買家的青睞，但是在該次公盤拍賣後，其價格卻也跟著水漲船高，有逐漸上揚的態勢。

　　這類帶有黑色的翡翠原石，尤其是在 2015 年的緬甸公盤拍賣中，竟然也能賣到好幾百萬。所以早期的翡翠有黑色是要扣分的，但現在是不管整只鐲子是什麼顏色，只要有帶上一些鮮綠色，就會是眾人喜歡的翡翠物件了。

只要有帶上一些鮮綠色，就會是眾人喜歡的翡翠物件了

二、透明度

　　翡翠透明度在珠寶業界被稱為「水頭」，珠寶業中稱一塊翡翠的「水頭足」，就表示該翡翠具有極高的透明度，否則就被稱為「水頭短少」或是「水頭不夠」；也有珠寶業者將翡翠的透明度稱為「種」或「底」，所謂「有種有色」的翡翠，就是高檔品質的翡翠。

　　不過這些都是珠寶業界慣用的商業名稱，與寶石學的名稱無關。在寶石學中，翡翠透明度的定義，就是「光線穿透過翡

◀透明度極高達到半透明的綠色翡翠，市場上稱為「有種有色」

▼這就是透明度極高達到半透明的翡翠，市場上稱為「種」或「底」好，有時也稱為「水頭足」

翠的數量」，但是這對一般人士而言太抽象，我想從另一個角度來引申。

翡翠因在地層內常與別種礦石共同生長成為一體，所以我們經常會在翡翠結晶內，發現別種礦石的微晶含量。翡翠所含之其他礦石的種類及數量，是促使其透明度高低的主要原因之一。

因為結晶結構的不同，一顆高價值的鑽石、紅藍寶石或祖母綠都可以達到完全透明，但就算是一塊最高品質的翡翠，其透明度也只能達到半透明的程度而已。

寶石學將翡翠透明度的等級，依透明品質的高低分為「半透明」、

透明度達「半透明」的高檔翡翠手鐲

透明度介於「半透明」與「透光」的翡翠手鐲

透明度達「透光」的翡翠手鐲，市場上大多是屬於此類的手鐲

「透光」、「半透光」及「不透明」四種等級，這也是在我所職掌的中華民國珠寶玉石鑑定所中，廣泛被應用的標準。

花輪哥不藏私

翡翠透明度簡易判斷法

　　在這裡，我教大家一個辨別透明度等級的簡單方法：

　　在白紙上畫一條黑線，將翡翠壓在黑線上，透過翡翠觀察是否可隱約看見該黑線的條紋，如果條紋愈清晰，表示透明度愈佳；如果完全看不見黑線，表示此翡翠的透明度等級已經在第二等級的透光以下。

　　翡翠透明度分成四大等級：1.半透明、2.透光、3.半透光、4.不透明。

1. 半透明：翡翠壓在白紙的黑線上，透過翡翠能夠清晰或隱約的看到黑線。

2. 透光：將翡翠對著燈光看，能夠看到燈光由翡翠的背面完全穿透過來。

3. 半透光：將翡翠對著燈光看，僅能看到部分的燈光由翡翠背面穿透過來。

4. 不透明：將翡翠對著燈光看，完全無法看到燈光由翡翠的背面穿透過來。

　　這個判別翡翠透明度的基本鑑別方式只要用肉眼就可以判斷，並不需要使用任何的工具及儀器。

　　另外，我們也可以使用簡易筆燈取代一般的照射燈光，將筆燈自翡翠的底部向上照射，以上述的結果判斷翡翠的透明度。

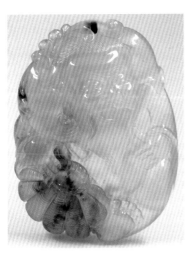

透明度達「半透明」的
「冰種」高檔翡翠墜子之一

透明度達「半透明」的
「冰種」高檔翡翠墜子之二

透明度達「半透明」的高檔
旦面翡翠戒指

　　寶石學依翡翠的不同透明度分為四大等級，也依這四大等
級伴隨著以下的商業名稱：

1. 半透明稱為冰種

　　透明度最高的翡翠被稱為「冰種」，冰種的透明度在寶石學
中的定義就是「半透明」。也就是光線穿透翡翠時，可使光源
完全透過整塊翡翠，並可以肉眼透過翡翠微微看清另一面的影
像。

2. 透光稱為蜜玉

　　如果一塊翡翠放置在黑線上，雖然無法以肉眼穿透翡翠看
見黑線，但是該翡翠受到燈光由下往上照射時會完全透出，看
來就如同濃厚蜂蜜的透明度，此類翡翠就稱之為「蜜玉」，此種
透明度在寶石學稱之為「透光」。

3. 半透光稱為透邊玉

透邊玉的透明度定義為：光線無法完全透過整塊翡翠，僅能有部分光線在翡翠邊緣或較薄的位置透出。在寶石學中，此種透明度稱之為「半透光」。

4. 不透明稱為黯玉

當光線完全無法穿透一塊翡翠，這塊翡翠在市場就被稱之為「黯玉」，也就是寶石學中所稱的「不透明」。在翡翠市場上，有些翡翠商人甚至將黯玉稱之為「死玉」，明顯表示黯玉在市場上是無法獲得較高的價位。

三、光澤度

外表光澤，是指光線照射至翡翠表面時，翡翠反射出來的光品質與強弱。

翡翠的結晶結構，在顯微鏡下觀察，可看出是由許多單獨的小晶體組合而成的不完全平滑的表面，所以，無論如何用心的拋光打磨一塊翡翠的表面，都無法拋光出像玻璃般平滑的表面。因此，當光源照射至這種結晶結構的翡翠時，翡翠所能夠呈現最高的表面拋光光澤，也只能達到寶石學中，比玻璃光澤略低一個等級的「次玻璃光」等級。

也就是說，翡翠外表光澤的強弱程度，是反映翡翠本身結晶結構的緊密度，從而產生的一種光源反射效應。

光澤度達最高等級的「次玻璃　　光澤度達第二等級的「油脂光」　　光澤度達第三等級的
　光」高檔旦面翡翠戒指　　　　　的高檔旦面翡翠戒指　　　　「樹脂光」旦面翡翠戒指

寶石學將翡翠表面光澤的高低，分為：

1. 最高等級的「次玻璃光」、

2. 第二等級的「油脂光」、

3. 第三等級的「樹脂光」、

4. 第四等級的「蠟質光」，

5. 最低等級的「黯鈍光」等五種不同的外表光澤。

翡翠商人常說的「玻璃種」或「玻璃底」的翡翠，就是指外表光澤已達次玻璃光等級的翡翠。

四、乾淨度

翡翠在地層內以集合結晶體的結晶結構成長，因此會含有不同的外來物質（或外來礦物）與之共同生長，此時我們由外觀來看翡翠的表面，就好似出現了不同的顏色或雜質。這些外

來物質有時能帶給翡翠鮮豔亮麗的顏色，但有些共生礦物又會傷害翡翠整體的美麗外表，而成為所謂的瑕疵。

我們在觀察一塊翡翠時，就應該用燈光由上往下或由下往上照射，檢查是否有明顯的石脈紋、凹洞或裂紋，然後再仔細觀察翡翠表面雜色、雜質的狀況，以確認其雜質的多寡。

1. 石脈紋

任何天然的翡翠，受地殼牽動的影響，在其表面或結晶內部，多少都會出現一些石脈紋路，這些石脈紋路的大小及形狀，將會直接影響翡翠的整體結晶結構及外觀的美麗性。

此翡翠手鐲透明度甚佳，但因石脈紋太多也太明顯，其價值當然不如石脈紋較少的手鐲了

此翡翠手鐲透明度甚佳，但因石花太多也太明顯，其價值當然不如石花較少的手鐲了

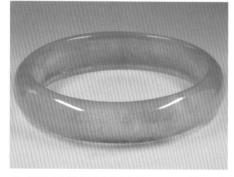

此翡翠手鐲透明度甚佳，又因乾淨度高，價值自然提升不少

花輪哥不藏私

簡易辨識「石脈紋」&「裂紋」

翡翠是在高壓的地層內結晶，高壓所產生的擠壓現象容易讓翡翠產生裂紋，對於細微且未在翡翠表面出口的微小裂紋，稱之為「石脈紋」，但是如果石脈紋在翡翠表面出口了，就應改稱為「裂紋」，因此這兩種名稱是代表著兩種不同的瑕疵狀況。

但能肯定的是，裂紋就是一個大瑕疵。

當一塊翡翠出現裂紋，除了影響該翡翠的美麗性外，更會影響其價值。尤其深入翡翠的裂紋，又更容易造成翡翠的斷裂，通常較大的裂紋也會有頗為寬大的裂隙，這些發生在翡翠的表面又可輕易的被看到，自然影響價值甚巨。

翡翠的外表出現少許不明顯的石脈紋，一般是可以被接受的，但是一旦出現裂紋就不能被接受，畢竟沒有人願意花高價買一塊有裂紋的翡翠。

然而，線狀或是微小的樹枝狀分散的裂紋，有時候很容易使人誤判為石脈紋。要區分是微小裂紋或石脈紋的方法，可用顯微鏡來觀察翡翠的表面及內部結晶組織，微小的裂紋大都只出現在翡翠的單一面，或是侷限於某個表面位置，很少會完全深入或環繞在整個翡翠的外表或結晶內。

還有一個判別的方法是，可以用指甲去摳刮翡翠表面，檢查所看到的紋路有沒有破出口，如果摳刮時有「卡卡的」感覺，就可判斷為裂紋了。

翡翠手鐲一旦斷裂，其價值幾乎歸零，所以在選擇翡翠時，一定要注意是石脈紋還是裂紋

翡翠石脈紋的狀況，不僅關係著翡翠原石的切割方向，也關係著翡翠成品的品質高低。用肉眼觀看，翡翠的石脈紋愈多，代表翡翠的韌度愈差，也代表翡翠抵抗被破裂的能力相對較弱。

如果以肉眼觀看一塊翡翠原石，就可見到其外表上的粗大石脈紋，這不僅代表該翡翠的外觀不美麗，在日後切磨雕刻上也將會有很大的取捨問題，不僅如此，這更代表該翡翠的韌度不佳且容易破裂。所以在選購時，必須仔細留意石脈紋的多寡。

高品質的翡翠，在石脈紋的認定上，應該是以肉眼觀察不到，或是肉眼可見但非常細微的石脈紋，這是評鑑翡翠乾淨程度時的一項重要條件。

2. 翡翠表面髒點

翡翠的結晶結構內經常會含有各種不同種類的共生礦物雜質，這些外來雜質或微小礦物的外觀顏色多為灰、黑、褐色，

石脈紋多、共生礦物雜質過多的翡翠手鐲，會被鑑定為表面髒點太嚴重，乾淨度非常低

也就是說，當肉眼觀察翡翠時，若看見灰、黑、褐色髒點參雜其間，就代表美麗性受到影響，自然品質等級也就下降，價格也會有所折扣。

一只高品質的翡翠手鐲，但是表面含有黑、褐色的髒點，價值就直線下降

3. 蒼蠅翅膀與石花

除此之外，翡翠在地層內結晶的過程中，也會因為外在溫度或壓力的改變，使得成長時出現一些瑕疵，例如使用筆燈由上往下照射翡翠表面，可移動筆燈或晃動翡翠再觀察，可在不同的角度上見到翡翠表面有「點狀」或「一小薄片狀」的反光，這種點狀或一小薄片狀的反光被稱為「蒼蠅翅膀」。

其實它是翡翠內部結晶的反向成長所造成，而具有蒼蠅翅膀的翡翠，除了外觀不美麗外，其韌度也較差，當然就容易出現裂紋。

另外還有一種較硬的白色團塊像似天上一朵朵緊實的白雲，我們稱之為「石花」，這是翡翠因不規則的扭曲成長而成。石花與蒼蠅翅膀同屬於翡翠乾淨度上的一種瑕疵。

石花有白色與黑色兩

這是一只高品質又乾淨的旦面翡翠，其表面是不允許有蒼蠅翅膀或石花等瑕疵

種，白色石花影響相對較小，而黑色石花則完全不受歡迎，不論呈點狀、絲狀、帶狀或團塊狀都會影響品質與價值，黑色成片的石花，更被翡翠市場稱為「狗屎地」，可見有多麼不受人喜愛了。

五、切割標準

1. 旦（蛋）面形切割

長、寬、高比例為最重要，長與寬的比例應介於 5:4 ～ 5:3 之間，而高度應介於一半長度或一半寬度間。

例如：長度 1.5 公分，寬度 0.9 ～ 1.2 公分間，高度 0.5 ～ 0.7 公分之間，為最佳切割。

標準長寬比例的旦面翡翠　　　長比例的旦面翡翠　　　從側面觀察旦面翡翠的高度

2. 手鐲切割

　　圓型手鐲較橢圓型手鐲佳，手鐲寬度應有 1 公分以上，但是不宜超過 1.6 公分以上，內徑應介在翡翠市場慣用尺規的 17.5 ～ 18.5 間，這是普遍最被接受的內徑。

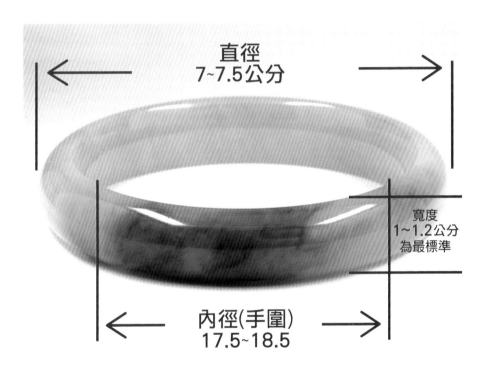

直徑
7~7.5公分

寬度
1~1.2公分
為最標準

內徑(手圍)
17.5~18.5

翡翠手鐲實體的標準尺寸示意圖

3. 珠鍊切割

　　一串珠鍊講究的是直徑 1 公分以上，再搭配圓度一致、顏

色一致、透明度及光澤度再一致，則為上選。此外，還必須注意的是，成串的圓珠項鍊，在圓珠及圓珠間必定要打結以增加堅固性。

翡翠珠鍊的切割標準是直徑 1 公分以上

4. 精雕巧件

通常作為掛飾，如項鍊、耳環等，厚度最為關鍵性，太薄或太厚都將造成不安全或笨重感。再者，如雕件形制為人物像，臉譜的比例、色彩的均勻度也必須多加留意。

從正面觀察翡翠墜子的的長寬比例

觀察翡翠墜子的正面外，一定還要觀察側面的厚度

5. 擺件形制

　　此類中、大型翡翠物件多為擺設用，在選購時，藝術雕工、材質品質及形制比例等，都是買家應注意的事項。

　　購買翡翠時，如果能依據前述對翡翠顏色、透明度、光澤度、乾淨度與切割標準等條件，仔細判別翡翠品質及價值的高低，同時又能記住這些專有名稱，那麼在買賣翡翠的交易過程中，不僅彼此間都能有相同的語言，同時又可以明確的評斷翡翠的品質高低，如此一來，絕對可以降低買賣雙方的誤解，進而降低買錯買貴的風險。

　　例如一塊上好的翡翠必須是老坑種的綠色、冰種的透明度，玻璃種的光澤，肉眼見不到石脈紋、石花、蒼蠅翅膀及

翡翠擺件的觀察，除了本質外，還要注意雕刻的藝術

灰、黑、褐色雜質等，只要滿足以上條件，這就是一個上品的翡翠。只不過，這種上品翡翠簡直世上少有，假若這上品翡翠是一只翡翠手鐲，那麼在國際性的拍賣會中，它的成交價格肯定高達新台幣數千萬元。

然而，如果顏色為雲狀綠的一塊黯玉翡翠，又具有肉眼可見的石脈紋，此類等級的翡翠，不論雕製成何種玉件，都不值得我們花費高價去購買。

可見只要有了翡翠整體品質的區分標準及統一的名稱，我們不但在翡翠品質的鑑定上有了共同語言，也能輕易判斷翡翠品質的高低，更能避免被人用各種名目的美麗名稱而唬弄，最後白白花了高價，卻買到不等值的翡翠而扼腕。

高品質的綠色翡翠手鐲，動輒都是數千萬元的價值

花輪哥不藏私

什麼是「死區」？

　　我所職掌的中華民國珠寶玉石鑑定所，在鑑定與鑑價翡翠的過程時，會先以肉眼觀察翡翠的外觀品質，尤其對品質中的「顏色」最為慎重；因為在顏色中，有可能會出現一個翡翠的鑑定專有名稱「死區」。

　　這是翡翠顏色中的瑕疵，對於「死區」這個瑕疵要特別的小心，因為往往是外行人最容易忽視的地方。

　　以肉眼觀察一塊翡翠的外觀，初看表面顏色是均勻通綠的，但若加以仔細觀察，則會見到某一區塊的顏色與其他大面積的顏色不同，可能比較深，或比較黑、或特別的白；或有時在這特定的小區塊裡，石脈紋路特別明顯，又或是在這小區塊內有一定程度的髒點、雜質等，這個小區塊就被稱為「死區」。

　　「死區」又依種類、數量、大小、位置與明顯度等五類因素，來判定死區的嚴重性。

在旦面翡翠的死區，都是呈現白色或黑色的色塊

2

翡翠的投資價值——飾品篇

　　我常常在節目上說，這個翡翠飾品就是因為「多了這個綠」，所以多了幾萬元的價值。明明看起來不怎麼起眼、甚至有黑綠的手鐲，卻因為多了一小塊漂亮的翠綠，使得整個手鐲價值倍增；但也可能因為「多了那個青」，以致整個手鐲價值降低。因此，如何選出美麗的顏色是呈現在翡翠飾品最顯眼的地方，就是讀者購買翡翠時，最必須優先考慮的重點。

　　翡翠價格的計算與其他寶石不同，例如鑽石是以克拉單位的重量來計算，然而翡翠卻是以「尺寸」為單位來計算其價值。在介紹翡翠飾品之前，有六大準則必須留意，分別說明如下。

圖中翡翠手鐲的價值就在那些少量的翠綠色，如果沒了這些翠綠色，這將是一只價值不高的飾品

購買翡翠飾品六大準則

■準則一：先判斷先天的顏色、透明度、光澤度及乾淨度

　　我們先講顏色，觀察顏色時要注意的是，顏色的色調、顏色的均勻度、顏色的深淺濃郁度等。翡翠顏色種類的價值依序是：1. 綠色、2. 紫色、3. 紅色、4. 黃色、5. 白色、6. 黑色、7. 青色、8. 灰色。

圖中綠色翡翠手鐲

　　所謂青色就是綠色翡翠含有灰色色調，看起來的綠色顯得濁濁髒髒的，這種仍以綠色為主色系灰色為副色系的綠色，很容易成為消費者疏忽的顏色，誤以為只要是跟綠色沾到邊的翡翠都是漂亮昂貴的。

　　另外，這十年來，透明度很高的無色翡翠，其價值直逼紫色翡翠，是很重要的一個市場變化。

圖中青色翡翠手鐲

第二個就是透明度，透明度就是市場上所說的「水頭」，透明度的檢驗方法先前提到，就是在白紙上畫一條線，再把翡翠壓在上面，看能不能看到那條線。看到的線愈清晰，代表透明度愈高。

花輪哥不藏私

寧買一線綠，不買一片綠

在緬甸公盤拍賣翡翠原料時，各地翡翠商人都會聚集在緬甸的拍賣會上，大家都有一句行話，那就是「寧買一線綠，不買一片綠」。

簡單的說，翡翠獨有的結晶結構與內含的致色元素相互結合的原理，造成了原石內部出現的綠色往往都是呈現線狀的走向，自切面來看，線狀綠的顏色大多是由表面一直往內延伸，在這種情況下，很好掌握顏色的分布，進而就能夠切割出心裡預想的結果；反觀片狀綠就比較無法掌握綠色顏色的分布與顏色的深度。

怕的是，有時片狀綠的顏色只有在表面的極薄層位置，內部則無顏色，所以如果在可以選擇的情況下，翡翠商人都會以線狀綠為首選。

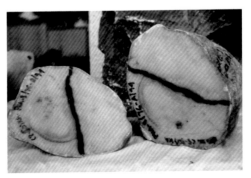

一線綠的翡翠原石

第三，翡翠的表面光澤亮不亮，非常重要。用肉眼觀察燈光照射在翡翠表面上所形成的光點邊緣，如果光點邊緣愈是俐落清晰，就代表翡翠光澤的品質愈高。

第四，觀察乾淨度。用肉眼觀察翡翠表面，有些髒點是看不出來的，必須使用顯微鏡或放大鏡放大後才能看到。然而，翡翠乾淨度的評定，還是要以肉眼觀察為標準。

如果以肉眼從外表觀察翡翠，看不見任何的髒點或其他瑕疵等，就會被評定為無瑕疵。順便一提，使用顯微鏡鑑定翡翠的目的，主要是為了觀察石脈紋與裂紋的區別，更重要的是為了確認翡翠 A 貨還是 B 貨。

■準則二：「大件」比「小件」強，「成對」比「單件」好

當我們確認了翡翠的先天品質，接下來，就是要觀察翡翠的切割標準。一般而言，除了首飾類的翡翠要適合自己佩戴的尺寸外，擺件或雕件的翡翠，若是先天品質一樣，必然是愈大件的相對價值愈高，簡單的說，好貨是「愈大愈稀少」。

一個翡翠雕件，絕對是散件（小件）不如單件，意即凡是能夠雕刻成一塊大型雕件的原石，行內人就不會切割成碎小的散件分別雕刻，絕對會以一塊完整又大型的雕件為主要目標。

成對的「鳳」「凰」所表達的意境，會比單件的鳳或凰來得高，所以一對品質相似的翡翠雕件，記得買成對一定會比買單件增值性高。

如果在翡翠的品質一樣的情況下，翡翠雕件一定是大件比小件來的有價值，翡翠雕件如果成對的價值會比單件來的高

■ 準則三：挑飾品以「通貨」為佳

　　所謂的「通貨」就是「廣為流通的貨品」，如果要特定人選才能佩戴或擁有的貨品，在珠寶業就不會稱為通貨品。能廣為大多數人接受的商品，流通率高交易速度快，回收利潤高，這就是通貨原則。

　　以「尺寸」來說，有人會問，首飾是不是愈大愈好？愈大愈值錢？我的回答是未必。

　　比如翡翠手鐲直徑的外徑最好在 7 至 7.5 公分左右，誤差大小以 0.5 公分為準，而手鐲的寬度在 1.0 至 1.2 公分之間，寬

翡翠的握件最好在 7 至 15 公分間

度應以 1.2 公分為最標準，至少不要少於 0.8 公分，寬度也不要超過 1.6 公分以上才好。

　　圓凸旦面的戒面長度是 1.5 公分以上，最好不要小於 0.8 公分。

　　小雕墜飾的長度要超過 2 公分以上，最好是 3 公分至 4 公分左右。

　　珠鍊，每顆圓珠直徑至少達 0.8 公分以上，最好能在直徑 1 公分以上，而且一串總數能有 108 顆珠子的更佳，尤其要注意每顆品質是否相似，是否為同一塊原石所切磨而成。

　　握件最好在 7 至 15 公分間，以一個手掌可完全握住為準，尤其講求的是雕工的圓潤度，拿在手中把玩時絕不會刺或刮到手。

　　以上這些各類的翡翠成品尺寸，就是我們所說的「通貨」標準尺寸。

手鐲外徑達 7 公分是大部分人都可以佩戴的尺寸，太大或太小都不容易流通。試想，如果對大部分人來說，手鐲買了尺寸太大或太小不能戴或是戴得很勉強，這種翡翠手鐲還會有誰想要買？而握件拿在手上不順手，或是握件會刮手，這樣的握件自然也不會有人喜歡。

精緻的翡翠雕件，就要看巧思與雕工的配合

　　雕件外觀的「造型」也很重要，切記在挑選翡翠雕件的時候，先以普及的吉祥物為優先考慮，再考慮自己喜愛的形制，因為如果未來有可能會轉手賣出，單靠自己個人的喜好並不能代表整個翡翠市場的需求。假設今天你所購買的翡翠雕件是一條蛇，雖然雕工很漂亮，但畢竟這不是每個人都能接受的造型，未來在轉手時，一定會出現困難度。

花輪哥不藏私

手鐲上的紋飾所隱藏的危機

　　光滑表面的手鐲普遍流行於市場上，但相信你也見過手鐲上會刻意雕刻出紋飾，通常賣家的說詞會是：「豐富的紋飾意味著不一樣，也增加了佩戴者的獨特性。」

　　有些具有紋飾的手鐲或許是如此，但有更多的紋飾手鐲是因為要順應翡翠的石脈紋而不得不做的工序。也有的是為了要隱藏翡翠本身的瑕疵而雕刻的，目的是藉由凹凸起伏的紋飾來隱藏翡翠上的石脈紋、石花、蒼蠅翅膀及雜質等瑕疵。如此大費周章，就是要將瑕疵隱藏起來，才能在銷售上有更好的賣相。

翡翠手鐲應避免雕刻紋飾，以免未來買家挑剔

又比如一只旦面戒面或手鐲，平滑的表面是大家都可接受的，如果在平滑的表面上雕刻出紋飾，恐怕就不是多數人可以接受的樣式，當然日後在轉手時，就會成為被挑剔的一部分。

■準則四：佩戴的「曝光率」愈高，身價愈好

寶石級的翡翠原料一定是最先選定作為首飾類，首飾類的首選就是手鐲，如果因為原料的體積大小，無法製成手鐲時，第二優先才是考慮製做成旦面的戒面或墜子雕件。如果連這兩種形制也做不了，就依原料的形狀切割成各種形狀的小件旦面，再交由珠寶設計師，利用他們的專業巧思搭配做成胸針等類的飾品，將寶石級的翡翠物盡其用。

所有的消費者在購買珠寶首飾類都有一個特性，就是會以「戴在手上」為第一優先選擇，其次才是「掛在身上」的墜子、項鍊與胸針，原因就在於曝光率。

翡翠首飾類的首選是手鐲

「戴在手上」的戒指曝光率高

「掛在身上」的翡翠墜子

「掛在身上」的翡翠耳環

比較薄或較小的翡翠，就可以考慮設計製做成胸針

以戒指來說，它佩戴在手上是直接顯露在外，一年十二個月無論任何場合都可以讓人看到；但如果是墜子，一般是直接佩戴在身上，只要衣服領子過高，或冬天外套一穿，就會被隱藏在衣服裡面不易外顯，除非「刻意」把它拿出來顯擺，否則外人很難欣賞到它的存在。

至於胸針的設計往往較為醒目大件，因此經常被佩戴在較厚的洋裝或外套上，在夏天的配飾上較少使用到，一般來說，胸針的佩戴會受到季節與服裝的限制。

至於耳環雖然可以隨時看到，但是耳環在首飾佩戴屬於配角，通常必須搭配手上的戒指或身上的墜子來佩戴；再加上耳環佩戴的位置容易被頭髮遮掩，曝光率自然也跟著降低。

■ 準則五：一體成形

翡翠的雕件藝品一定要一體成型，無論是雕琢成什麼形制，絕對不能用數塊翡翠拼湊組合而成。

坊間有些成品是將翡翠切成一小片一小片再雕刻上紋飾，最後將這些小片的翡翠粘貼成一件大型的龍船、屏風等形制，但這樣的翡翠物件因完整性不夠，在價值上絕對無法與一整塊原石所雕刻琢磨完成的翡翠雕件比擬。

■ 準則六：獨特性佳無法複製

翡翠雕件之所以價值昂貴，就在於它不能夠被大量複製。每位雕刻師的工藝不一，或各有專精，即使針對同一形制去雕琢，仍會在翡翠雕件的形制上留有每位工藝師的特色，呈現的

神韻風采也會大異其趣，這就是每件翡翠雕件所具有的獨特性與韻味。所以它永遠只有一件，這種無法被複製的獨特性質，也是造就翡翠價格年年漲價的原因之一。

翡翠飾品選購要訣

翡翠的品質有等級的差距，翡翠的價值就是依據等級的差距而有不同，賣家永遠都是將價格喊得高高的，等著買家來殺價。

站在賣家的立場，喊個高價，一方面試探買家的經驗與專業性，另一方面代表該翡翠的高價值，讓買家買回後能沾沾自喜；再一方面也保留一個議價空間，讓買家因獲得高折扣而買得高興。

然而，就算是最高檔的翡翠，仍然隨時會有比它更高檔的翡翠物件出現，使得交易價格層層往上疊，對一位翡翠鑑價師而言，翡翠的市場價值一直是浮動的。

前面已經提到，翡翠原石有分寶石級、商業級及工業級，其中寶石級的翡翠多切磨成首飾類，如手鐲、旦面戒面或小型雕件；商業級翡翠多半做成雕刻的擺件或握件。若以市場慣性而言，寶石級翡翠製成的首選是手鐲，其次是旦面戒面及小型雕件作成墜飾、耳環或胸針，圓珠做成珠鍊等。

1. 手鐲

翡翠手鐲的表面應保持光滑面，不須有太多的雕工紋飾，其價值的顯現在於先天自然的顏色、透明度、光澤度及乾淨

將手鐲置於平面的桌面或玻璃上，再以手指輕壓手鐲，以檢查手鐲的平順與圓滑程度

度。大部分手鐲的表面是打磨成光滑的平面，但許多手鐲因先天原石上就有較多的石脈紋、裂紋或雜質等瑕疵，因此切磨師先會想方設法避開這些瑕疵去切磨成鐲，實在不行，就會在成鐲後，將其表面有石脈紋或髒點等位置雕刻出一些紋飾，除了可以掩飾石脈紋及雜質外，同時也可將部分的雜質利用巧雕的手法去除。

選購手鐲時，可以筆燈照射來觀察手鐲內、外側的顏色、透明度、光澤度及乾淨度，並將手鐲置於平面的玻璃上，再以手指輕壓手鐲，檢查手鐲的平順與圓滑程度。

(1)挑手鐲，首重尺寸與大小

我們可以拿尺去量手鐲的直徑，最好在 7 至 7.5 公分左

右，但是不要大過 8 公分。

有人說挑手鐲要挑 18 圍，其實 7 公分就包含了 17 圍、18 圍。18 圍指的是內徑，可是內徑有很多不同的講法，所以我都是以直徑 7 公分為優先考慮重點。無論手型手腕稍微胖一點或是稍微瘦一點的女性，7 公分普遍都可以佩戴，所以「7 公分」左右是手鐲在通貨上的基本數值。

如果一只手鐲內徑直徑只有 5 公分，外徑可能只有 6 公分，那麼相對這只手鐲只有骨骼小的女士才能佩戴，它就不屬於翡翠手鐲通貨的範疇了。

再看手鐲的粗細（就是指寬度），如果手鐲太細不到 1.0 公分是要扣分的，寬度最好在 1.0 至 1.6 公分之間，其中又以 1.2 公分最佳。在節目上，曾經有個來賓拿了一個寬度達 2.1 公分，但是直徑過小的手鐲來鑑價，因為不符合通貨原則，以致於最後鑑價的價格，沒有符合她預期中的金額。

珠寶首飾類還是要符合大多數人能夠佩戴的為佳，而手鐲一旦製做成品了以後，無論如何都無法再做修改，也無法像鑲工金飾一樣可以再變化，所以一旦不符合通貨規格，價值相對就會降低，以後要轉手賣出時，也會碰到下位買家質疑同樣的問題。

⑵手鐲顏色

以手鐲顏色呈現的外觀，市場商業名稱有：

全白色帶有一點綠色稱為「白底青」。

整只手鐲都有塊點狀綠色稱為「滿天星」。

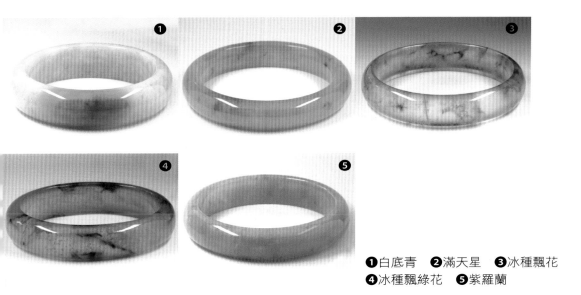

❶白底青　❷滿天星　❸冰種飄花
❹冰種飄綠花　❺紫羅蘭

透明度高，僅有部分點塊狀綠色稱為「冰種飄花」。

紫色手鐲稱為「紫羅蘭」。

同時帶有綠、紫、紅三色稱為「福祿壽」，但現在這樣顏色的手鐲已不多見，翡翠市場上，將任意三種顏色同時存在的手鐲也稱為「福祿壽」。若是紅、紫、綠、白同時出現，稱之為「福祿壽喜」，若只有其中的兩種顏色出現，則稱為「雙喜臨門」。

對中國人來說，除了整只通綠的手鐲外，最罕見的是一只手鐲上同時具有綠色、白色、紅色及紫色的「福祿壽喜」手鐲。

一般較常見的是同時具有兩種顏色，且帶有若干雜質的手鐲，其價值當然不如前述的任何一件。

為了讓社會大眾對目前手鐲的市場行情有更多的了解，我所執掌的中華民國珠寶玉石鑑定所（GGL）已經有對一般大眾開放鑑價的服務，以下就是 GGL 的大數據鑑價比較表，而 GGL 也會每年對價格做市場的微調。（如下頁圖所示）

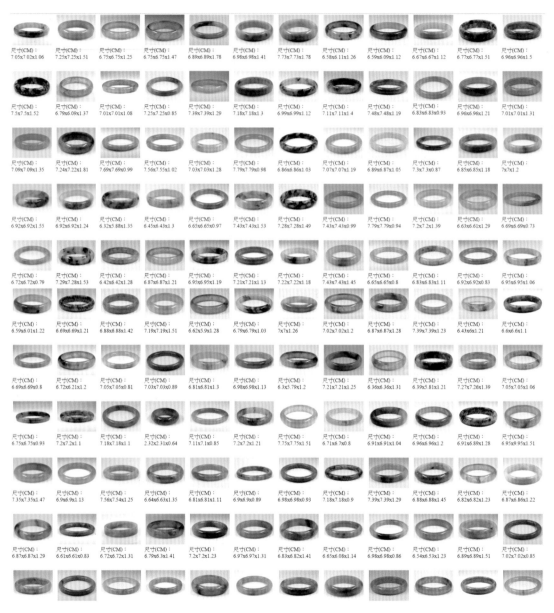

尺寸(CM)：7.05x7.02x1.06　尺寸(CM)：7.25x7.25x1.51　尺寸(CM)：6.75x6.75x1.25　尺寸(CM)：6.75x6.75x1.47　尺寸(CM)：6.89x6.89x1.78　尺寸(CM)：6.98x6.98x1.41　尺寸(CM)：7.73x7.73x1.78　尺寸(CM)：6.58x6.11x1.26　尺寸(CM)：6.59x6.09x1.12　尺寸(CM)：6.67x6.67x1.12　尺寸(CM)：6.77x6.77x1.51　尺寸(CM)：6.96x6.96x1.5

尺寸(CM)：7.5x7.5x1.52　尺寸(CM)：6.79x6.09x1.37　尺寸(CM)：7.01x7.01x1.08　尺寸(CM)：7.25x7.25x0.85　尺寸(CM)：7.39x7.39x1.29　尺寸(CM)：7.18x7.18x1.3　尺寸(CM)：6.99x6.99x1.12　尺寸(CM)：7.11x7.11x1.4　尺寸(CM)：7.48x7.48x1.19　尺寸(CM)：6.83x6.83x0.93　尺寸(CM)：6.96x6.96x1.21　尺寸(CM)：7.01x7.01x1.31

尺寸(CM)：7.09x7.09x1.35　尺寸(CM)：7.24x7.22x1.81　尺寸(CM)：7.69x7.69x0.99　尺寸(CM)：7.56x7.55x1.02　尺寸(CM)：7.03x7.03x1.28　尺寸(CM)：7.79x7.79x0.98　尺寸(CM)：6.86x6.86x1.03　尺寸(CM)：7.07x7.07x1.19　尺寸(CM)：6.89x6.87x1.05　尺寸(CM)：7.3x7.3x0.87　尺寸(CM)：6.85x6.85x1.18　尺寸(CM)：7x7x1.2

尺寸(CM)：6.92x6.92x1.55　尺寸(CM)：6.92x6.92x1.24　尺寸(CM)：6.32x5.88x1.35　尺寸(CM)：6.45x6.43x1.3　尺寸(CM)：6.65x6.65x0.97　尺寸(CM)：7.43x7.43x1.26　尺寸(CM)：7.28x7.28x1.49　尺寸(CM)：7.43x7.43x0.99　尺寸(CM)：7.79x7.79x0.94　尺寸(CM)：7.2x7.2x1.39　尺寸(CM)：6.63x6.61x1.29　尺寸(CM)：6.69x6.69x0.73

尺寸(CM)：6.72x6.72x0.79　尺寸(CM)：7.28x7.28x1.53　尺寸(CM)：6.42x6.42x1.28　尺寸(CM)：6.87x6.87x1.21　尺寸(CM)：6.95x6.95x1.19　尺寸(CM)：7.21x7.21x1.13　尺寸(CM)：7.22x7.28x1.18　尺寸(CM)：7.43x7.43x1.45　尺寸(CM)：6.65x6.65x0.8　尺寸(CM)：6.83x6.83x1.11　尺寸(CM)：6.92x6.92x0.83　尺寸(CM)：6.95x6.95x1.06

尺寸(CM)：6.59x6.01x1.22　尺寸(CM)：6.69x6.69x1.21　尺寸(CM)：6.88x6.88x1.42　尺寸(CM)：7.19x7.19x1.51　尺寸(CM)：6.62x5.9x1.28　尺寸(CM)：6.79x6.79x1.03　尺寸(CM)：7x7x1.26　尺寸(CM)：7.02x7.02x1.2　尺寸(CM)：6.87x6.87x1.28　尺寸(CM)：7.39x7.39x1.23　尺寸(CM)：6.43x6x1.21　尺寸(CM)：6.6x6.6x1.1

尺寸(CM)：6.69x6.69x0.8　尺寸(CM)：6.72x6.21x1.2　尺寸(CM)：7.05x7.05x0.81　尺寸(CM)：7.03x7.03x0.89　尺寸(CM)：6.81x6.81x1.3　尺寸(CM)：6.98x6.98x1.13　尺寸(CM)：6.3x5.79x1.2　尺寸(CM)：7.21x7.21x1.25　尺寸(CM)：6.36x6.36x1.31　尺寸(CM)：6.39x5.81x1.21　尺寸(CM)：7.27x7.26x1.39　尺寸(CM)：7.05x7.05x1.06

尺寸(CM)：6.75x6.75x0.93　尺寸(CM)：7.2x7.2x1.1　尺寸(CM)：7.18x7.18x1.1　尺寸(CM)：2.32x2.31x0.64　尺寸(CM)：7.11x7.1x0.85　尺寸(CM)：7.2x7.2x1.21　尺寸(CM)：7.75x7.75x1.51　尺寸(CM)：6.71x6.7x0.8　尺寸(CM)：6.91x6.91x1.04　尺寸(CM)：6.96x6.96x1.2　尺寸(CM)：6.91x6.89x1.28　尺寸(CM)：6.95x6.95x1.51

尺寸(CM)：7.35x7.35x1.47　尺寸(CM)：6.9x6.9x1.13　尺寸(CM)：7.56x7.54x1.25　尺寸(CM)：6.64x6.63x1.35　尺寸(CM)：6.81x6.81x1.11　尺寸(CM)：6.9x6.9x0.89　尺寸(CM)：6.98x6.98x0.93　尺寸(CM)：7.18x7.18x0.9　尺寸(CM)：7.39x7.39x1.29　尺寸(CM)：6.88x6.88x1.45　尺寸(CM)：6.82x6.82x1.23　尺寸(CM)：6.87x6.86x1.22

尺寸(CM)：6.87x6.87x1.29　尺寸(CM)：6.61x6.61x0.83　尺寸(CM)：6.72x6.72x1.31　尺寸(CM)：6.79x6.3x1.41　尺寸(CM)：7.2x7.2x1.23　尺寸(CM)：6.97x6.97x1.31　尺寸(CM)：6.83x6.82x1.41　尺寸(CM)：6.65x6.08x1.14　尺寸(CM)：6.98x6.98x0.86　尺寸(CM)：6.54x6.53x1.23　尺寸(CM)：6.89x6.89x1.51　尺寸(CM)：7.02x7.02x0.85

我所執掌的「中華民國珠寶玉石鑑定所」已運用大數據系統，完成各類翡翠手鐲的價格訂定，並依此開立鑑價證書。此大數據的交易價格不僅是消費者購買翡翠時的主要價格參考資訊，同時更是許多珠寶商在買入、賣出翡翠時的價格依據

花輪哥不藏私

「顏色」PK「透明度」，究竟誰重要？

很多人問我，買翡翠究竟是顏色重要，還是透明度比較重要？

每次碰到這樣單純的問題，我都會反問對方：「如果有一件上千萬元的手鐲，你認為那只手鐲是有顏色還是沒有顏色？」

通常對方會回答：「當然是有顏色的。」

如果我再追問是何種顏色？對方的答案一定是「綠色」，所以只要一講到上千萬元的手鐲，當然就是有綠色的手鐲，如果沒有顏色，絕對是上不了千萬元的。

這個問題的重點是，不管怎麼說，翡翠永遠都是要有顏色而且以綠色為第一，因此，我們鑑定所訂了一個規格，只要是綠色的，價值無上限，鑑價主要的依據，還是看這只手鐲的整體品質為何。

如果是目前市場上最流行的，無色的冰種手鐲，在本書出版時，大約是新台幣 350 萬元封頂；如果是旦面戒面的無色冰種，長度是 1.5 公分以上，寬度 1.20 公分，高度為 0.60 公分以上，封頂價格約落在 150 萬元。

上述對翡翠尺寸的堅持，就像人身比例一樣，九頭身是最為完美的，愈趨向這個標準，價值自然愈高。

翡翠的顏色永遠都比透明度來的重要，但是只有顏色而無透明度的翡翠，其價值也不會太高

花輪哥不藏私

選購冰種翡翠，石脈紋及石花要愈少愈好

　　一個好的冰種翡翠手鐲，如果手圍尺寸 7 公分，寬度 1.5 公分左右，整只手鐲透明高，含有極淡的石花與石脈紋，完全沒有髒點，聽了這樣的文字敘述，我會保守地說，現在價值大概在新台幣 200 萬元左右。

　　冰種翡翠手鐲是沒有顏色的，因此在挑選冰種翡翠手鐲，應注意石脈紋與石花。

　　我們拿到冰種翡翠手鐲之後，應先拿著筆燈或是放到檯燈底下照射著看，觀察整只翡翠手鐲有沒有石脈紋與裂紋。

買冰種翡翠手鐲，可使用一枝筆燈以反射光方式，觀察表面是否有髒點

使用筆燈以傳導光觀察翡翠的石脈紋與石花之分布狀況

　　冰種就像冰塊一樣，透明度很高，然而，99％的冰種翡翠手鐲，多少含有一定數量用肉眼可見或微微可見的石脈紋。石脈紋是指翡翠本身結晶出現細絲條狀的紋路，若在翡翠表面開口形成了裂紋就更嚴重了。

　　石脈紋跟裂紋也大大不同，石脈紋是完全在翡翠內部的紋路，而裂紋則是已在翡翠表面有出口的紋路。裂紋的前身就是石脈紋，只要有裂紋，這只翡翠手鐲就沒有價值了，這部分一

定要當心。

　　購買冰種翡翠手鐲時要特別留意一點，如果用指甲在翡翠的表面滑動，有感到「破口」的感覺，代表此翡翠有了裂紋，這種翡翠手鐲就不能碰。

　　至於所謂的石花，指的是外觀形狀呈現有如雲朵般團塊狀的結晶紋路，因為冰種翡翠手鐲的高透明度，會使得內部的石花顯得突兀，而影響了整只冰種翡翠手鐲的通透性。

　　當然，上述兩者的數量與明顯度愈少愈不清楚，代表這只玉鐲的品質愈好，而單就石脈紋與石花兩者來比較，石脈紋比起石花是相對較嚴重的紋路。

石花

■冰種飄綠花的優點與盲點

　　節目上，來賓常帶來鑑價的冰種翡翠手鐲有兩種，分別是「完全無色的冰種翡翠」與「冰種翡翠飄綠花」的手鐲。

　　所謂冰種翡翠飄綠花，指的是整只通透的翡翠手鐲裡，飄著一絲絲或一小片的綠色，此時這綠色的色調，決定了加分或減分的效果。若飄的是正翠綠色，肯定會增加冰種翡翠手鐲的價值，但如果冰種翡翠手鐲飄的是綠中帶灰的色調，也就是俗稱的青色，那只會降低冰種翡翠的價值，還不如選購一只完全無色的冰種翡翠。

　　另外，若是冰種翡翠是一件墜飾雕件，雕的又是佛像，就要特別檢視飄綠花的位置，絕對不可以在佛像的法相上，即使法相上飄的是正翠綠色的色調，一樣也是會減分的。

圓形的圓條式手鐲屬於通貨商品　　圓形的扁口式手鐲價格也跟著提升

(3)手鐲形式

手鐲又分成幾種形式，圓形手鐲為市場的主要通貨品，橢圓形手鐲被稱為貴妃鐲，除了形狀外，內徑的切磨也有圓條式手鐲及扁口式手鐲兩種。

圓形手鐲是翡翠市場的主力通貨品，也是買賣交易最重要的手鐲形狀種類。

至於名稱好聽的「貴妃鐲」反而是比較有問題的款式，它之所以會做成橢圓形，一般是因為它的原石材料無法切磨成圓形所致。

所以，如果你問我哪個價值性高，我認為首選圓形手鐲，內徑是圓條式或扁口式皆可。以手鐲的內徑來說，早期的時候以「圓條式手鐲」價值最高，後來為了省料與易於掌握品質，「扁口式手鐲」在市場上慢慢多了，價格也跟著起來，現在扁口式手鐲的價值也與圓條式手鐲一樣居高不下。

至於貴妃鐲，則要以個人的喜好來決定了，你必須思考未來轉手時，買方是否也在意這個問題。

另外還有一種「雙胞胎」手鐲。雙胞胎手鐲是指，你可以很明確的看出來這是同一個翡翠原石所切磨出來的兩只手鐲，它們呈現的顏色、紋路就好像拼花地板，似乎可以從這只走到另外一只手鐲。這種在外觀上能夠明顯看到兩只手鐲的顏色及

紋路走向是相似的，這兩只手鐲的價值絕對要比單只手鐲的價值來得高，總的來說，雙胞胎手鐲的價值是一般單只手鐲的三倍。

所以，如果你看到「雙胞胎」手鐲，絕對不要只買一只，如果有三只、四只，只要是高檔的，在經濟許可之下就應全部買下來，這種物件現在已經非常非常難找，尤其是高檔翡翠更是稀少，有機會看到就應立即出手購買收藏。

花輪哥不藏私

手鐲芯

翡翠手鐲從玉片切割下來後，其中心的部分，就是我們所說的手鐲芯。

一般而言，手鐲芯的位置往往是這只手鐲在顏色上最弱的地方，因為上好的顏色都會保留在手鐲上先被取走，所以用手鐲芯來切磨成旦面戒面的機率較低，大都切磨做墜子使用，再不然就做為手中的握件，也有人拿手鐲芯切磨成小型擺件。

無論要使用手鐲芯來做成何種樣式的雕件，因為已被限制在一定的厚度與長度上，形制上很難有所發揮，如果顏色再不佳、透明度又不高，那就是一塊低品質的翡翠料而已。

翡翠的手鐲芯也可以拿來作為特殊的設計飾品

花輪哥不藏私

古玉手鐲的價值高？請先提出證明

在故宮有非常多的古玉，其石材多為岫岩玉，也就是蛇紋石。

蛇紋石的產量非常龐大，因為古代用來雕刻的器皿，許多是就地取材，到後代就成了古玉類。除此之外，我們在古玉展中看到的古玉石材，大多也是蛇紋石居多。

中國自古以來就是玉雕大國，在古代，只要是美麗的石頭就拿去雕刻，那時候用的還不見得是和闐玉。而且這種石頭通常不太會去特別處理，因此，如果賣家強調它是老玉鐲，那麼賣家就應該提出相關的古玉證明文件。

如果是古玉的玉雕，我們還可以從雕刻紋飾來判斷其價值，然而，手鐲上通常沒有雕刻紋飾，我們很難判斷它究竟是多久以前的東西。如果對方跟你說這是「老」手鐲，那麼你最好請他提出佩戴者的證明文件，或是擁有者的後代子孫之類的證明文件，至少能證明其出處，絕不能用「不可考」一語帶過。

蛇紋石雕刻的器皿

2. 戒指

(1)挑戒指，尺寸是首選

由於翡翠無法如鑽石般地透明，所以縱使將翡翠切磨成像

鑽石一樣具有多種刻面的形狀，也絕對無法如鑽石般具有良好的折射光澤，因此圓凸型的旦面戒面，就成了最理想的翡翠戒面的形制。

買旦面戒指一定要看長、寬、高的比例，旦面翡翠的價值與鑽石不同，鑽石是用克拉重量來計價，翡翠旦面戒指則是以長、寬、高來做為價值計算的依據。

橢圓形旦面的翡翠，一般認定的最小尺寸，最好要在 1 公分以上。旦面翡翠若要超過百萬元，長度就一定要超過 1.5 公分。在標準的「長：寬：高」的比例方面，是「1：0.80：0.45」，旦面翡翠寬的比例不宜小於 0.7，而高的比例則不宜小於 0.4。

節目上，曾有來賓帶來一個旦面翡翠戒指，但是高度非常的薄，薄到戒檯上的黏膠都可以看得一清二楚。也有一個來賓帶來的旦面戒指雖然大得驚人，但是兩頭呈尖形的形狀，雖然可以看出雕刻師這麼做的目的，是為了呈現完整的綠色，但是因為形制不對，反而成了扣分之處。

(2)旦面頂點要在中央，最好是雙層旦面

將旦面翡翠放置平檯上，雙眼由旦面的側邊平視觀察，旦面翡翠的最高頂點是否落在中央位置，這是很重要的切割品質檢查項目。

另外，最好的旦面翡翠的切磨形狀應是「雙層旦面」，如將其放置於光滑的平檯上時，至少能夠很平滑的左右旋轉。

旦面戒指，尺寸與乾淨度，孰輕孰重？

　　節目上，有位來賓帶來一個旦面戒指，雖然旦面戒指尺寸夠大，然而髒點實在是清晰可見，而且就在旦面的正中間頗為明顯。不過，最後我鑑價的價格仍比她當初購買的價格要來得高。

　　我的鑑價結果高出她預期的理由，是綜合了旦面翡翠的品質依據，以及鑑價當時的市場價位而定，這位來賓購買的時間約在 20 年前，算是早期了，因此她購得的價格現在來看屬買到便宜了。

　　至於許多人問我，究竟在鑑價的時候，尺寸與乾淨度哪個所佔的比重比較大？我的回答是不同的鑑定屬性，不能這樣相比擬，真的一定要說答案，那就是這兩者屬相同重要的項目。

(3)最好是無封底的雙層旦面

　　封底的意思，是對於已鑲嵌的翡翠旦面戒面，它的下方背面完全被金屬封包而無法看見任何的翡翠本體。

　　然而一位有經驗的設計師或鑲嵌師在設計金屬檯面時，通常在金屬戒檯下方會留下大小不一的孔洞，一方面是為了讓買家經由這些孔洞，來檢查翡翠是否有良好的透明

封底的目的是希望運用底部的金屬將光源反射，從而使該翡翠看起來顏色更鮮豔亮麗，但是卻會阻礙了鑑定翡翠的底部

度，再者也可檢查翡翠是否具有腰部下方微凸的雙層旦面；有時還可使用一支竹籤自小孔內輕壓，以便檢查翡翠戒面是否會鬆動等多重功能。

3. 墜子

(1) 3 公分以上，立體雕刻最佳

翡翠墜子的尺寸長度最好能在 3 公分以上，如不足 3 公分至少也要有 2 公分，才能屬上品的條件。

比如現在最流行的是豌豆，那麼豌豆的長度至少就要 3 公分以上，寬度則在長度的三分之一，也就是 1 公分為最佳。此外，厚度也要夠，厚度愈厚愈佳，一般的厚度在 0.6 至 1 公分，才是標準的翡翠墜子的厚度尺寸。

墜子有非常多的樣式，可以是觀音可以是彌勒佛，但無論雕刻成何種形式，兩面都要夠凸，也就是兩面都雕成立體面的最好。記住，只要跟雕工有關的，我們都希望它能夠立體。

(2)評斷翡翠墜子價值的四大重點

墜飾常出現人物、花卉、動物、傳說中的獸類以及佛祖的肖像等各種不同的造型，在過去及現在，中國大陸均能以其高超的巧雕技術為傲。然而，每個人對形體愛好的價值觀不同，因此對於特定玉墜雕件的形體不能做單獨的討論與評價，但是就整體

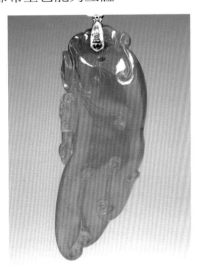

墜子的長度在 3~5 公分左右最佳

155

來說，必須檢視以下四大重點：

①正面與反面的雕工是否有一致感。

②是否有乾淨俐落的雕刻邊緣。也就是收尾收的夠不夠漂亮，會不會刮手。

③良好的色澤是否在最重要的位置。是否有巧雕的顏色形體。

④肉眼觀看圖案形制是否完整。

4. 耳環

耳環相對要挑剔的地方是，兩邊翡翠大小、形狀及顏色一定要對稱，不能一邊大一邊小或顏色一邊深一邊淺。

5. 珠鍊

(1)直徑要 1 公分以上

翡翠珠鍊就像是朝珠一樣一顆顆的串珠，顆粒的直徑要 1 公分以上最佳，如果不足 1 公分，至少也要達到 0.7 公分以上才可以。當然翡翠圓珠直徑愈大，價值也愈高。

一般珍珠直徑達到 14mm，也就是 1.4 公分，在養殖上實屬不易，因此價格相對就高；而翡翠珠鍊才要求 0.7 公分，雖然不算大顆，但是顏色要達到一致性的翠綠，就必須要出自同一塊翡翠原石，這要取得是很困難的。如果加上切磨也要圓度夠圓，而且一串珠鍊能有 108 顆更是不得了，這就叫成套，相對價值就更高了。

如果上述的品質條件都符合，再加上大顆粒的尺寸，那麼

價值就無上限了。早期有一位名模曾經戴了一串頂級翡翠珠鍊走秀，那串珠鍊大約價值4億台幣，確實非常驚人。

(2)注意是否有脆裂

由於翡翠珠鍊的每一顆粒必須自中心鑽孔，因此，我們除了須注意每一顆穿孔位置是否在顆粒的正中心外，同時也必須注意翡翠在鑽孔時會產生的脆裂狀況，許多時候，我從顯微鏡觀察發現，翡翠顆粒穿孔的位置邊緣常有裂紋產生，這一點千萬要注意，因為裂紋有機會從小裂紋延伸加長加大。

整串完整的翡翠珠鍊中，每顆應是完美的渾圓度及相似顏色與直徑大小，一串翡翠珠鍊的品質好壞，除了要求每一顆本身的品質外，還必須注意顆粒之間直徑大小搭配的程度。

而外表顏色的搭配更是重要的價值條件。一般來說，成串的珠鍊、成對的玉珮、耳環等玉飾，如果搭配適宜，大都可以因而增加20%至30%的價值。

無法做成主石的翡翠料，可以用來作為設計胸針飾品的配石

6. 胸針

胸針的貴重，在於翡翠先天的品質優良及後天的雕工技術，再搭配珠寶設計師的藝術創意所形成的，通常會以金飾及鑽石或其他寶石搭配之。

翡翠做成胸針的設計成品

花輪哥不藏私

何謂「邊角料」？

　　尺寸太小、形狀太差、顏色又不好的翡翠原石，行家都稱之為邊角料。

　　用邊角料能做出來的成品大都不優良，交易價格不會太高。早期在翡翠切磨工廠內都可看見一堆一堆乏人問津的邊角料，現今時光移轉，翡翠原料大缺，邊角料有時也成了選擇的標的了。

做完手鐲的翡翠原料，就是我們稱的邊角料，現在，連邊角料都成為珍貴的翡翠原料了

3

翡翠的投資價值——雕件篇

　　閃玉在琢磨平滑後，便能發出油脂般的溫潤光澤，用它來雕琢藝術陳列品，確實是很好的材料，尤其是純白無雜色的羊脂白玉。由於閃玉是礦物類，不怕風化腐蝕，並且結晶體多呈現大塊狀，所以更可以用於雕刻藝術上的發揮。

　　然而翡翠的硬度是 7 度，閃玉的硬度是 6.5 度，翡翠比閃玉來得硬些，在雕刻上不僅雕刻切磨的工具有所不同，在切割琢磨上相對的也困難許多。

　　一般而言，無法切磨成首飾類的商業級翡翠原石，才會拿來做成擺件或是握件。

翡翠硬度比閃玉高，所以雕刻翡翠比閃玉來的困難些，有些雕刻師會先在原石上畫好設計圖，再慢慢地雕磨

翡翠雖然美麗，但是很難「伺候」

翡翠玉雕跟中國古老的玉雕不同。中國古老玉雕的原石，大多都是岫岩玉、閃玉（和闐玉）類，這些物件相對翡翠來說，顏色沒有那麼多的變化，石脈紋也相對減少，所以，對於以前的雕工師傅而言，是很好取材與雕刻的。

相對於翡翠而言，閃玉類顏色沒有太多變化的問題，比如說羊脂白玉整塊就是白色的，青玉大多是整塊綠中帶灰，所以這些石材被設計要雕刻成任何形制器物，比較不會受到顏色的限制。

然而，翡翠顏色變化且分佈在不同的位置上，在切磨雕刻上有一定的難度，比如雕刻神像的臉部，在一開始就一定要設計出避開有部分顏色的位置，即使是點狀、小塊狀都不行。所以有顏色的翡翠原石要雕刻成雕件，一定需要功夫比較高深的雕刻師傅來執行。

此外，軟玉（和闐玉）跟硬玉（翡翠）還有一個最大的不同點，那就是──石脈紋。

即使像一個人那麼高大、長達一百多公分的和闐玉，也常常看不到石脈紋。然而翡翠不同，翡翠只要 3 公分大小，石脈紋或石花就會出來「見客」，而石脈

雕刻翡翠飾品邊雕邊看，邊看邊雕，一點都不能出錯

紋與石花，往往就會造成雕刻品
上外觀美麗性的問題。

一只顏色不均勻的旦面翡翠戒指

　　以首飾類來說，如果在旦
面的戒面上看到一個石脈紋或石
花，價值上就會大打折扣。這麼
說好了，旦面已經很小了，如果
旦面還有石花或石脈紋這些明顯
的瑕疵，必定成為消費者詬病的
地方，那麼價格又怎麼可能會高呢？

　　另外再試想，如果在翡翠手鐲上看到一條石脈紋，很多人
會把它當作裂紋，所以翡翠的石脈紋是一個破壞品質的東西，
問題是，一塊大塊的翡翠原石，每3、5公分以內就會出現石脈
紋，要避開石脈紋在雕刻工藝的難度就出現了。大部分的翡翠
原石，就是因為石脈紋或石花的關係，無法做成首飾類，此時
就必須靠優秀的雕刻工藝將它變成耀眼的擺件。

顏色與硬度加持，翡翠適合做雕件

　　翡翠的顏色及顏色的分布，與鑽石或紅寶石的顏色分布是
不一樣的，因為翡翠是許多小結晶結合在一起，形成一塊大結
晶，往往在不同的位置，會呈現不同的顏色分佈狀況。

　　只有翡翠才能在同一塊翡翠石料上產生多種顏色，而且是
同時出現綠色、紅色、紫色、黃色甚至黑色，每種顏色都可以
非常明顯，這是別的寶石所沒有的特徵。

雕刻師在雕刻翡翠的時候，往往是依據顏色、石脈紋的分布，而給予適當的雕刻。比如我早期在大陸廣州翡翠雕刻工廠所見，一塊本身有黑色、綠色、白色的翡翠原石，雕刻師傅花了 1 個月，把它雕刻成一條栩栩如生的龍吐珠雕件，其中白色作為龍身，黑色的部分雕成龍的鱗片，綠色的作為龍珠，這就是一件非常成功的巧雕翡翠擺件。

我也見過一塊有紅色與綠色的翡翠原石，被巧手天工的師傅花了 20 天就雕成了穿上綠袍的紅臉關公。其他也有將紅褐色的翡翠雕成一條蛇，或是一些飛禽走獸等，也就是因為這些不同色彩的分布，翡翠才能被雕刻成栩栩如生的藝術品，值得人們收藏。

而翡翠除了具有五彩繽紛的顏色特徵外，它的硬度高，也是適合做成雕件的原因之一。通常在雕刻石頭時，當然是硬度愈低愈好雕刻，相對翡翠（硬玉）來說，另一種和闐玉（軟玉）就比較易於雕刻，可是翡翠雖然是不易雕刻的石頭，但也因為硬度高，表面亮度相對更光亮，所以雕刻出來的作品，往往能夠獲得亮麗的呈現。

玉不琢不成器，
巧奪天工讓「翠玉白菜」擁有高身價

說到雕工，市場上出現一種說法叫做「好玉不雕」，是指翡翠本身品質非常優良，玉工擔心自身的技術無法畫龍點睛，怕雕得不好反而糟蹋了一塊好的翡翠，這樣的說法，是針對找不

到好的雕刻師傅而言。

我支持古人所說的：「玉不琢不成器。」任何一塊翡翠原石的表面都有石皮，石皮受到風化往往會很粗糙，除非是原石的外型渾然天成自成一格，看了有賞心悅目之感，否則一定要進行雕刻才能彰顯出翡翠的價值。

我自己看過一塊翡翠原石從挖出來到變成成品的過程。那是大約 25 年前的事兒，記得那塊原石買進來的價格是人民幣 5,000 元，經過翡翠雕刻工廠的大師雕刻後，最後賣掉的價格高達 25 萬人民幣，如果這個 5,000 元所買進的原石沒有經過雕工，就算 25 年後轉手賣掉，大概也只能漲幅至 4.5 萬元的價值。

至於另一個因雕工而美麗的翡翠，就是聞名國際、藏身於台北故宮博物院的「翠玉白菜」，其巧妙之處就在於雕刻師傅特別在白菜上雕了一隻螽斯。為什麼要把螽斯雕在那上面？

前面已敘述過，翡翠有非常多的石脈紋，石脈紋多的翡翠不太能雕刻出其他完整的擺件，大多只能做為白菜類的雕刻作品，因為白菜是可以有破損、有葉脈的位置，只要加點菜蟲之類的昆蟲就可以隱藏或融合石脈紋了。翠玉白菜原來只是一塊中等等級的翡翠原石，我相信就是因為原先的原石上有太多的石脈紋，因此才會被雕刻成翠玉白菜。

而這塊翡翠恰好有一處是綠色的，所以雕刻師傅就將那塊綠色的大部分雕成綠菜葉、一小部分雕成螽斯，在有裂紋的地方故意雕出破口，意即「這是一顆被蝗蟲咬破的翠玉白菜」。雕

就算是具有許多石脈紋的翡翠原料，經過雕刻師傅的巧手，也能作為一件件美麗精緻的翠玉白菜

刻工藝師的巧思與巧手，讓一塊具有石脈紋的翡翠硬是與藝術相結合，而且充滿意趣，這就是中國雕刻工藝無人能及的地方。

相反地，如果你問我翠玉白菜那塊翡翠的品質好不好，我只能說，除了歷史價值外，其實翡翠本身屬於中上檔質的翡翠。

翠玉白菜是一整塊原石，部分屬於花青種，部分屬於金絲，又有少部分是蘋果綠，它的透明度非常好，雖然顏色並非通體亮麗，但是在當時的時空環境下，這一件原石仍屬於中上等品質，只是因為石脈紋相對較多，所以才會設計成翠玉白菜

的雕件，以原料的石脈紋呈現成白菜的葉脈，可謂是一件巧奪天工的藝術品。

也因為翡翠與清朝的連結至今不過幾百年歷史，所以，目前已知比較知名而且高檔的翡翠物件，除了故宮裡的那顆翠玉白菜外，恐怕找不出更具有代表性的物件。

如果抹去歷史價值與國寶身份，以市場價值來看，20 年前，這株翠玉白菜可能只值 150 萬到 200 萬，但近年來翡翠價格只漲不跌，現在這件翠玉白菜的行情已經上看千萬元，再加上國寶之物，那更是無價之寶了。

翠玉白菜，就是因雕工而讓翡翠物件水漲船高的最佳範例之一。

握件與擺件的鑑價衡量標準

前面我們提過，翡翠以品質來說分為三大等級：寶石級、商業級與工業級，品質優劣如何鑑定？萬變不離其宗，就是：顏色、透明度、光亮度及乾淨度等，以上是翡翠先天的品質，接著就是後天的雕琢技術，一件優質翡翠搭配上好的雕刻技術與構圖，這樣的「人工藝術雕琢」絕對有加分效果。

翡翠的價格有等級差距，高檔翡翠有可能高到無上限，只是物件與物件實在無法相比擬，就算是心目中已認定是最高檔的翡翠，也永遠都有機會出現比它還要高檔的物件，因此無法說翡翠「應該」值多少，只能說當時最高的「封頂價」大約是多少。

■價格衡量標準 1：15 公分握件，15 萬封頂

握件就是指我們可以握在一個手掌上的翡翠雕件，隨著每個人的手掌大小，握件尺寸大約在 15 公分之內，這種物件的價值大概 15 萬元封頂。

由於翡翠握件的品質多是屬於商業級類，也就是先天條件無法做成首飾類，因此其顏色、透明度、光亮度或乾淨度等必定有一定量的不足，所以在品質上可籠統地說，握件的封頂價大概就是在 15 萬元左右。

既然握件的品質必然有些微的瑕疵，因此在挑選上，應該最為注意的重點是，將握件輕握在手上，兩手觸摸感受握件的雕工細膩度，一定是要有圓潤、細膩感，一旦碰到會有刮手或利刃感，對翡翠握件來說都是大打折扣的。

■價格衡量標準 2：擺件超過 30 公分，價格自成一格

翡翠擺件的價值性，完全是看「雕工藝術」，除此之外還有尺寸大小要注意。

在翡翠擺件上有一個簡單的規格分類，就是尺寸在 15 公分之內是一個價格，而 15 - 30 公分是一個價格，30 公分以上又是另一個價格。但擺件沒有所謂的封頂價，完全看它的雕工與設計的意境為何。

翡翠首飾類的價格，著重在翡翠材質本身的品質優良與否，至於切割部分，因為首飾類翡翠不需要很多的雕刻工藝，所以他們是以切割標準作為另一重要思考條件。但翡翠擺件不同，如果翡翠擺件有著如巧奪天工般的高超雕工技術，那麼價

值性的呈現，就以工藝為首要的價值判斷。

理論上，如果翡翠材料品質差不多，雕工技術也相差不遠，那麼 30 公分的翡翠擺件價格，絕對會高達 15 公分的翡翠擺件達數倍以上，原因是大件的翡翠原料非常難求！

在翡翠交易市場，體積大一倍，價格就差兩倍。原因在於，15 公分的翡翠擺件有如一個手掌大小，這種尺寸通常只會被擺設在案頭上，若是將之放置書櫃架上就會感覺小了一點；所以我都主張翡翠擺件最好要超過 30 公分，擺出來的架式與質感才有氣勢。

也就是說，在選擇擺件時，沒有 30 公分以上的大小，最好也要超過 20 公分，總的來說，擺件就是「長 X 寬 X 高」的三個尺寸都要愈大愈好。

選購雕件三大準則

■ 準則 1：神像雕刻，「陰陽臉」或「臉上有石脈紋」都是大忌

首先，翡翠的雕件如果雕刻的是一尊神像，其臉部絕對不可以有不同的顏色分佈，也就是說法相上只能是單一顏色，即使是參雜一點點的微淡其他顏色都不行。翡翠交易市場上有一商業名稱「陰陽臉」，指的就是翡翠神像雕件的臉上有兩個顏色，這往往是行家不會碰的翡翠物件。

再者，翡翠神像的臉上也絕對不允許有「石脈紋」，若在臉上見到石脈紋，就如法相上有一條疤痕般的缺陷，這對未來想

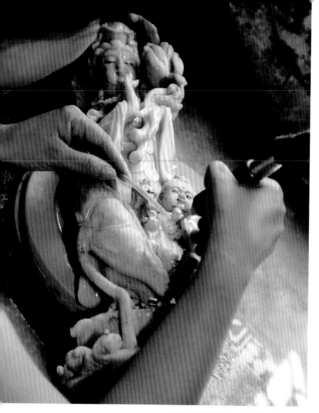

「神像看臉、佛像看形」

要轉手的人來說，絕對會形成最大的障礙，因為它完全失去購買的意義，更遑論收藏的價值了。但是石脈紋若是在神像的衣飾上，就有可能用衣服的皺褶來掩蓋，只要觀賞上不易被察覺就可以被接受，但是價格上也會因此而下降些。

所以，一件神像的翡翠雕件，神像的臉部是判斷價值的首要基礎，至於佛像則要加上「形」來取勝，例如歡喜佛像，就是整個佛像要給人有討喜的感覺，整尊佛像看起來是喜洋洋、開心的，那就值得讓人收藏，也有擺設的價值。

「神像看臉、佛像看形」，神像對於臉部的莊嚴表情、單一顏色的要求是極其的嚴格；而佛像反而是在整個形制上講究，例如濟公的神韻是在　「顛」與「濟」上，因此形制上就要能顯現出他嗜好酒肉、扶危濟困的精神。所以雕神像跟雕佛像是不同的意境，雕刻之前的設計與取材相對重要，購買者也要特別注意這一點，非常重要。

一塊翡翠原石材料受制於材料的品質，神像不能雕，佛像也不能刻，就會以山水或白菜類為雕刻取向。雕山水可以隨著

意境避開石脈紋，而雕白菜也可以隨著生動自然讓它有葉脈與蟲蛀的破洞。如此一來我們就可以知道，用來雕刻山水與白菜的翡翠原料，永遠都是品質最差的，在出手購買之前可要先想清楚，千萬別買貴了。

■準則 2：玉雕不能扎手，扎手表示收工不好

買鑽石講切工，買翡翠雕件就要講雕工。買雕件時除了要欣賞雕得美不美外，還要用你的手指頭去滑摸翡翠的每一個位置，尤其是邊角尾端的位置，去感受看看這個雕件會不會扎手，有沒有做好完善的收尾處理。

如果這個翡翠雕件在尾端邊緣處讓你感覺有些微的尖銳，似乎會刮刺你的手，這意味著收工收得不好，有可能當初在雕這個物件的是學徒工，而不是老師傅的工。

收尾的好壞很難用肉眼看得出來，一定要用手去觸摸，而且一摸就會有感受。

■準則 3：雕工是否繁複

一直以來，中國的許多翡翠雕刻師傅是有工藝上的理想及抱負，他們不在乎雕刻琢磨有多麼辛苦，也不在乎需要花費多少時間去完成一件作品，他們在意的是雕件的完美呈現。這也就是我們可以見到一件又一件的完美玉雕成品在大陸出世，當然在這樣的堅持下，中國大陸也養成了許多精良的玉雕大師。

然而西元 2000 年後，中國大陸走入資本主義時代，年輕的一代無意投入雕刻市場，成為辛苦的雕刻師傅；再者，雕刻

師傅也會為了想要多賺點錢，縮短雕刻的工期，簡化雕刻的形制，以致過去精細繁複的翡翠雕工物件，現在相對已經很少見了。

我想翡翠雕刻工藝的傳承，除了翡翠石材本身的條件外，更需要的是短則 10 年長則 50 年的養成經驗，現今工藝精湛的雕工大師遲早都會漸漸老去，如果沒有適當的接班群，那麼早期的美麗翡翠雕刻作品，未來必定會成為奇貨可居的物件。

一件翡翠玉雕的雕工是否繁複精細，也是評價的要素之一

花輪哥不藏私

翡翠一定要拿去大陸雕刻？

節目上，曾經有一位來賓在花東買了一塊閃玉，還特別拿到中國大陸去雕刻，那個師傅說，因為這塊玉太軟不好刻，所以收取的工錢比較高。

真的是如此嗎？把閃玉拿去大陸雕刻真的比較好嗎？

在回答這個問題之前，我先講一個故事。

有位女士以 20 萬元新台幣，向珠寶店購置了一只美麗的手鐲，結果手鐲不小心掉落地上，產生斷裂的紋路，於是她將手鐲送至原珠寶店詢問補救之道，店家告訴她可將斷裂之處以金屬覆蓋。

對此答案她並不滿意，在一次偶然的機會，她前往香港，經過友人的介紹認識了一位切磨翡翠的師傅，當下她便將手鐲取出與切磨師討論。一個月後，切磨師傅切磨出 6 顆圓凸旦面型的翡翠戒面，並聲稱已有買主願意出價 30 萬台幣買下。

從這個故事我們可以了解，原切磨手鐲的師傅並未將翡翠的外觀顏色呈現到極致的狀況，而後來的翡翠切磨師卻能利用自有的觀察判斷力與獨特的切磨技術，將該斷裂的手鐲重新切割成總價更高的玉飾，使這位女士因而獲得一筆小財。

回到一開始的問題，翡翠一定要拿到大陸去雕刻嗎？

這個問題跟個人的接觸面有關，我的看法是，中國的雕刻技術雖然是執市場牛耳，但是如果沒有認識特定的大陸雕刻師傅，縱使到了大陸，你也只能找到學徒工的手藝。

不過在我寫這本書時，因為時光移轉，有部分早期由台灣前往大陸工作的玉雕師傅，現在已有部分陸續回到台灣，開起小型的翡翠雕刻工廠，我想未來極具人文素質的台灣，翡翠的雕刻工藝應該會愈來愈往高品質的方向發展，當然這也是我們長期所期待的變革。

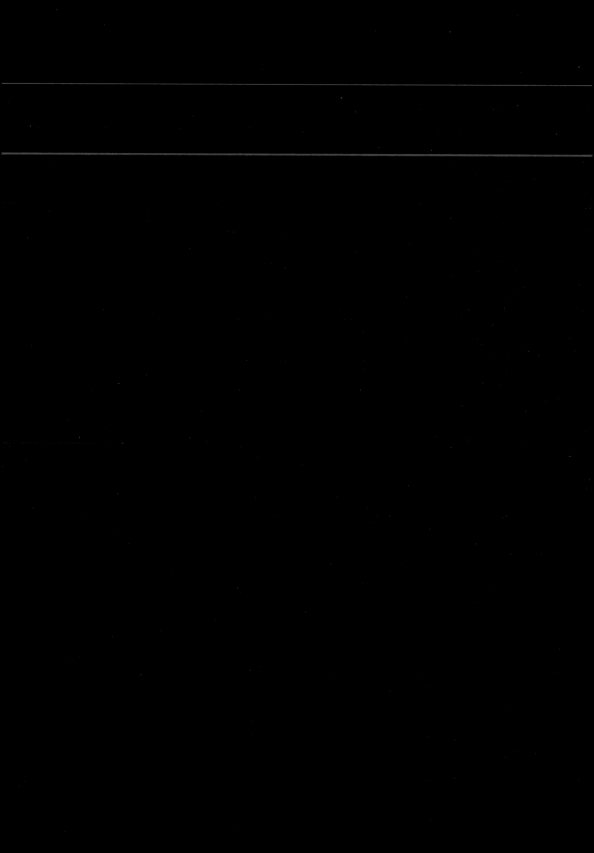

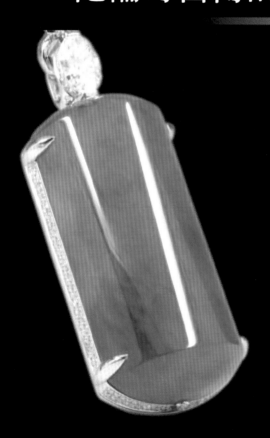

PART 4

聰明消費
花輪哥首傳的獨門買賣絕學

引言

　　自我上節目擔任寶石鑑定師以來，為來賓敲槌算算不下 3 千次，看了那麼多民眾或名人手邊珍藏的寶石，究竟他們買對東西了嗎？大部分的人是否都能買到有增值空間的寶石？

　　我的觀察是，失敗的與成功的比例各占五成，但是成功的大都是靠「運氣」與「時間差」拉出來的。這些民眾即使當時購買時的價格偏高，但因現在翡翠價格年年漲價，甚至年年翻倍大漲，所以這麼多年下來，只要買到的不是假貨，幾乎都能夠賺得飽飽的。

　　小部分的消費者，本身具有專業的寶石知識，因眼光獨到而收藏到不少好的物件。比如有位二十多年前曾經在我鑑定所上過課的學生，在學到專業知識以後，直接到泰、緬當地去收購，買到許多「好東西」，有些甚至直接拿到國際拍賣會去標售。他還曾經帶了一個價值千萬元的旦面戒指來到節目上估價，這就是靠專業知識投入珠寶交易市場，而能賺得缽盆滿盈的最好案例。

　　有些來賓問我，為什麼別人以前買的翡翠都會漲價，而我買的卻不會？其實，除了上述「時間差」的問題外，還有品質的問題。所謂時間差，就是翡翠年年小漲，而前兩年翡翠出現一波大漲，端看你購買的時間點在哪兒！

我在 TVBS 的〈哈新聞〉節目為來賓鑑定珠寶的價值

翡翠這寶石，無論你買的時間點是在二年前或是五年前，即便當時買得價錢很高，可是現在回頭看也都漲價了，如此看來，基本上，早買到的都算便宜。可是為何仍有發生數年前購買的，也歷經漲價潮，可是延至現今價格還是不動如山完全沒漲，原因就是：「品質太差」或是當時的「買價太高」了。

就如同五年前買房子，現在看起來應該要大賺的，但如果你居然沒賺或只是小賺，就代表你當時買的價格不對，或是買的物件不漂亮，那麼現在漲幅當然有限。相反的，如果當時買的價格雖然高，但是地段好屋況佳，那麼現在的漲幅仍然會很驚人。

所以，如果你問我，為什麼別人買的翡翠會漲價，自己買的卻不會？我會告訴你，在懵懂階段，想要買到好東西的機

率本來就是一半一半，憑的是運氣。但我認為要買到真的、對的、優良的翡翠，就要進入專業，這是永遠不會改變的真理。

寶物鑑定節目方興未艾，證明翡翠果然是中國人的最愛。除了金字塔頂端的消費者外，已有愈來愈多的民眾爭相投入翡翠挖寶的行列。不論將自己定位在投資者還是收藏家，大家只有一個目標，就是要買到物超所值或真正有潛力的翡翠。至少，你買到的一定要是真的翡翠，也就是我們說的 A 貨。

不過，也因為近幾年有關翡翠的訊息愈來愈公開、透明化，加上投入其中的朋友們愈來愈多，市場上出現許多不同的

這是近兩年來我受邀在各大型演講會上，來賓將翡翠寶石拿上台來，請我鑑價的場面

話術、名詞或定義，如果消費者不明所以或沒有勤做功課，仍然很容易受騙上當。

除了國際拍賣會外，中、港、台也有許多拍賣會，所有的珠寶翡翠都有起拍價

再談到翡翠買賣的價格，很多人認為翡翠買賣沒有所謂的標準價格，只要買賣雙方談定一個價錢，你情我願即可。但是，其實翡翠是有價格的，而價格是建立在客觀條件的翡翠品質上，又有主觀的市場交易機制，端賴購買者在這兩方面花下多少功夫來論定。

珠寶交易市場上有國際珠寶展覽會，有國際珠寶拍賣會。試問，假如翡翠沒有價格，展覽會及拍賣會上又該如何訂價呢？而珠寶店或拍賣買家又該依據什麼標準，來決定進貨價及標購價？更何況，無論品質有多高的翡翠，都一定會有收藏家在追尋，這些長期的收藏家心裡也都有一把價格的衡量尺。所以，翡翠是有價格的。

也有人說翡翠價格自在每個人的心中，但是，這不代表就要讓人當冤大頭。

以下我將針對多種購買翡翠的管道——產地、旅遊景點、珠寶展與國際拍賣會、電視購物、珠寶店等處所遇到的問題與狀況，以及如何不上當的眉角，都會在本篇詳細說明，其中有不少撇步更是首度公開，讓讀者能夠聰明買賣，快樂消費，開心擁有。

1

產地——直接殺去產地買，穩賺撿便宜？

　　既然世界上所有的高品質翡翠只產於緬甸，很多人就想，既然要買翡翠，那就直接到最源頭的礦源地去買豈不是更好？殊不知，看似便宜的地方，其實是最危險的地方。

　　很多人都喜歡到礦源地去採購，然而，愈是礦區的集散中心，就有愈多的假貨在那裡等著你。打個比方吧，每個購買者都有一個共同的想法，誤以為到了礦區也就到了貨源的最上游，那麼價格肯定是最便宜的。這時候購買者思考的常常不是真假的問題，而是便不便宜的問題，若在此時出現了一位專門製造假貨的翡翠商人，提供的是漂亮的翡翠、美麗的價格，對一位不具專業知識的購買者來說，簡直是天上掉下來的禮物，豈有不買的道理！

　　另外還有一種狀況：翡翠的礦源地肯定是緬甸，而以外國人身分進入緬甸的你就是「觀光客」。既然是觀光客，就算有當地的帶路人能帶你買到真的東西，買到的也有可能是天價的商品，殘忍的事實是，因為你的外國人臉龐清楚寫著「我是待

緬甸仰光有一條珠寶街，買家、賣家都在這條街上交易，整條街是熱鬧非凡

宰的羔羊」，當地的商人自然也打著「宰割觀光客」的心態。

　　由於翡翠價格層層上揚，每天都有許多人到緬甸去「朝聖」，相對的翡翠價格也跟著混亂。一塊翡翠在不同的地區、不同的商場、面對不同的購買者，喊賣的價格大不相同。當地的翡翠商人會企圖依據你的問話內容，了解到你的專業背景及市場知識狀況才來報價，接下來就得靠你對翡翠的專業知識有多深，然而，最後成交的價格，絕對會依你專業知識的深淺度而成反比。

4 聰明消費：花輪哥首傳的獨門買賣絕學

緬甸參訪團 —— 現場說故事之一

❶瓦城是翡翠商人必去的城市，
Welcome to Mandalay

❷緬甸除了仰光、瓦城外，其他城市也
都有市集供觀光客選購

❸早期仰光的翡翠公盤拍賣所，現在已
改為寶石博物館，其實就是販售翡翠
寶石的市集

❹仰光市中心一處最大的室內市集，除
了販售翡翠，也有紅寶石、珍珠等各
種寶石

❺仰光街頭的翡翠販售店面

❻仰光街頭的翡翠販售街

❼緬甸仰光穿梭街頭尋找買家的帶路人

買翡翠直接殺到緬甸？穩死！

　　既然千里迢迢飛到緬甸買翡翠，那就一定要有一個觀念，就是購買的翡翠必須「物要美、價要廉」才值得，如果單單只是物美但是價格卻不低廉，又何必多花機票與精力，專程飛去朝聖呢？

　　以往我幾乎每年都會去一趟緬甸，每回我跟朋友一起到緬甸，都會有固定的翡翠賣家或紅寶石賣家來找我們交易。在交易過程中，對方總會先問我們買寶石的預算，或者他們先拿出一件寶石要我開價，但是按慣例我都不會先說出我的預算或價格，只請賣家先把帶來的寶石放置在桌上，一一陳列給我們看，賣家為了要做成這筆生意，大都會依我們的意思先將商品全部拿出來。

緬甸參訪團 ── 現場說故事之二

❶成交後買賣雙方拍照記錄

❷不少當地賣家仍使用落後的傳統手機

❸賣家將翡翠商品拿出由買家現場選購

❹買家回價後，賣家商議如何因應

❺此類高檔翡翠小料可以用來作為設計作品

❻賣家用薄錫金屬將旦面翡翠簡易鑲嵌起來供買家檢視

❼賣家將大顆的旦面翡翠單一的鑲嵌供買家檢視

❽賣家不同意買家的回價，正準備拿出其他的翡翠商品

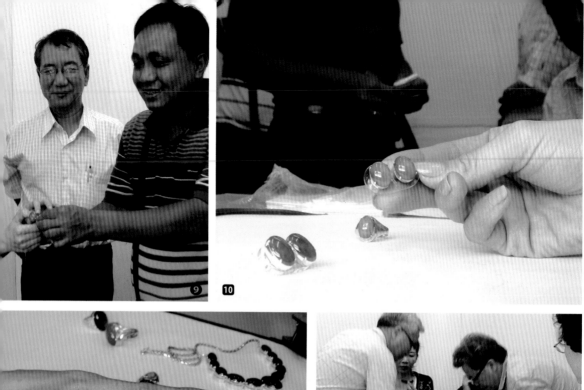

 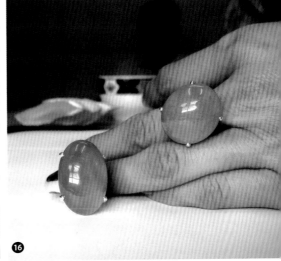

 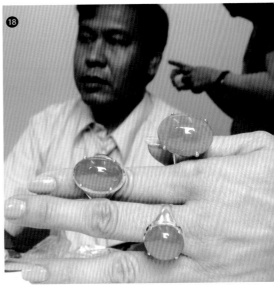

❾這位賣家也與買家達成價格協議而成交了

❿賣家提供的翡翠商品之一

⓫買家試戴在手上觀察。

⓬現場看貨交易時間很長，場主提供餐點飲料

⓭買家與第三位賣家成交

⓮漫天要價、就地還錢的翡翠交易現場

⓯賣家一次提供大小不一的六件旦面翡翠供買家檢視

⓰賣家這兩顆高檔的旦面翡翠可是要價不菲

⓱挑選來挑選去，轉個身再看一次

⓲所有翡翠商品必須在現場鑑定後立即回價，可是不能慢慢再想的

記得有一次，一位緬甸商人展示一顆旦面翡翠，一開口就出價 25 萬美元，我回價 6 萬美元，接著對方下一個回價就變成 17 萬美元，我則以 8 萬美元回價，最後是 12 萬元成交。

這個過程就是說，如果自己本身不是行內人，如何在現場先確認物件的真假、品質的高低，然後又馬上說出距離市場行情不遠的價格呢？能說出市場行內價格，就算對方當下不願意賣，但至少彼此間能夠相互了解，是屬於行內人的議價，下次見面再談就會簡單而快速了。

如果我們在第一輪回價的金額偏高了，那麼賣家會立即知道你的底子，而把你當冤大頭坑殺；反之，若回價金額太低，對方會認定你是一個毫無誠意的大外行，而不願意浪費時間繼續跟你議價。

緬甸參訪團 —— 現場說故事之三

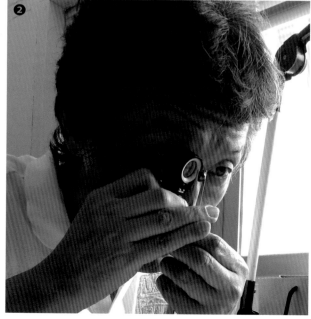

❶緬甸仰光參訪團除了翡翠外也有紅寶石的選購，這是第一步：挑選

❷挑選完成後的第二步：鑑定

❸鑑定確認後再次比對顏色與光澤

❹比對完成後三次確認顏色與亮度

❺對賣家的出價開始回價後觀察賣家的反應

❻同行友人趨前一同觀看

翡翠的品質有高有低，未經琢磨的原料交易更是大有學問

　　以這個例子來說，如果你一開始回的價格是打對折的 12 萬美元，賣家勢必會回價在 16 ～ 20 萬美元間，而最終這場交易的成交價將有可能落在 18 萬美元附近。這樣的交易結果絕對稱不上「物美價廉」，而是「物很美但價不廉」，完全失去我們大老遠跑到緬甸去選購寶石的初衷。

　　翡翠的品質高低與價格永遠成正比，比方說，A 等級的翡翠應該用 A 價格購買，B 等級的翡翠就應該用 B 價格購買，這才是一樁公平又正常的交易模式。然而現在的買家對翡翠寶石的知識與概念相當有限，常常用 A 等級的價格買到 B 等級的翡翠，等到數年之後發現時，早就為時已晚。

　　在緬甸礦區或是寶石集散中心，經常有許多零散的掮客穿梭其間，我稱這種掮客為「帶路人」。一般行內買家都會有固定的帶路人幫忙左右，而帶路人平時就會在當地經營與賣家的人脈關係，隨時獲取翡翠交易市場資訊，一旦知道有好物件出

大型鑑定儀器如紅外線掃描器等等，並不適合隨身攜帶，因此 GGL 訓練的鑑定師都是使用一只放大鏡，就要在現場鑑定翡翠真假，認定品質高低，並立即做出價格評定，這就是一位鑑定師的修練

現，帶路人會立即通知買家，並連繫賣家約定時間看貨，只要成交，帶路人就會自賣方處得到一定的佣金。

帶路人真正的角色是：提供買、賣雙方交易市場的資訊，以及提供市場商品物件的動向，實際上不會介入買、賣雙方交易過程及金額，也不會慫惠說服買家購買商品物件。

但是如果買家與帶路人間沒有一定的友情關係，而只是路邊即時認識的結合，這是非常危險的，那只是表面假象的信賴

在緬甸礦區或是寶石集散中心，經常有許多零散的帶路人穿梭其間

關係，對買家來說，這點絕對是大忌。因為認識不清的帶路人反而就是一隻狼，縱使他們沒有坑殺買家的主觀意圖，但為了與賣家分享利潤，往往會犧牲買家的利益，畢竟他們的利潤完全來自於客人的口袋。

我個人完全不建議一般買家「專門」為了購買翡翠而去緬甸，就算你真的想要到緬甸去碰碰運氣看看市場，也千萬不要公開告訴任何賣家你是來買翡翠的，只要你把專門來買翡翠的消息洩漏出去，馬上就會有很多二、三流的翡翠商人自動找上門來，接著你就要花掉相當多的時間與精力去應付那些無謂的困擾。如果你自身的專業不足，一旦受到賣家的煽動，那麼購買回來的商品很可能就是有問題的、人工優化處理的，或是價格高昂的低檔商品。

翡翠玉石的行業門檻頗高，要取得好物件，除了自己要

有專業知識與技術，還要有一定的門路，到了當地更要注意安全，因為你身上帶著現金，一不小心就成為他人眼中的肥羊，所以我建議初次到緬甸去購買翡翠時，應該事先過去看看，看多看久了自然就會摸出心得，這也是投入翡翠市場的一項成本吧！

世界主要翡翠集散地：香港

早期的緬甸相當封閉，旅人進出不如現今方便，經營翡翠市場的商人多以香港人為主，因而香港也就成為翡翠原料的集散地及交易中心，自然也就訓練出大批的翡翠切磨雕刻師傅，而使得香港成為世界重要的翡翠飾品類集散地。

被英國長期統治的香港殖民地，雖然在 1997 年回歸了中國大陸，但這顆東方之珠的經濟活動仍然絲毫不減。不論是來自緬甸、泰國、中國大陸的翡翠原石、雕件成品或半成品大都由此轉銷中國大陸、日本、台灣及亞洲各地。

也因為人人都知道香港是翡翠的集散地，於是很多到香港遊玩的旅客，都會特別到以下幾個玉器市場挖寶，以下簡單介紹香港知名的玉器市場。

香港在回歸中國大陸之前，在羅湖口岸前都有這一電子招牌，上面標示著離回歸還有多少天

■廣東道的玉器市場

香港翡翠玉商的門市店面，大多集中在小小一條的廣東道上，每天清晨開始，廣東道上就聚集著許多玉商（俗稱跑街），在道路中兜售翡翠原石或是成品，此時只要往此步行經過的路人，總會碰到跑街者前來搭訕兜售。

此地的部分門市賣家，都是將中低檔的翡翠成品，放置於透明的玻璃櫥櫃內出售。只要是有經驗的買家，都會要求賣家自保險櫃中拿出較為高檔的翡翠，但相對的賣家也會先打量買家的身分，才決定是否轉身從保險櫃裡，取出真正高檔的翡翠供買家選購。

廣東道上的玉器街除了有各種等級的翡翠飾品之外，還有專門銷售來自緬甸的翡翠原石，也有一些是來自中國大陸雕磨完成的翡翠雕件成品。有些商店門口，甚至擺著一攤一攤經過染色的翡翠，或是一些是低品質翡翠所製成的飾品，可說是五花八門，絕對讓外行人看得眼花撩亂。

當然在廣東道上，有誠信的賣家還是很多，他們都是具有數十年經驗的老字號翡翠商人，不論在銷售手法或觀人路數上都有一套獨門之處，沒有經驗或沒有門路的買主，想要買到高檔的商品，也只能付出高昂的代價。

廣東道上也會碰到一些專門以行騙維生的歹徒，藉著銷售物美價廉的翡翠為名，賣的盡是一些人工處理的染色翡翠或是經過酸液處理的 B 貨翡翠，這些假貨對外行人來說，果真是價廉物美的翡翠，讓這些不肖業者在廣東道上大行騙術，著實讓許多外地來進貨的翡翠商人栽了個大跟斗。

近半世紀以來，香港廣東道的翡翠交易市場總是熱鬧滾滾

■甘肅街的翡翠集市

在廣東道與甘肅街交口處有一翡翠集市，一個諾大的廣場內，一攤攤的玉商，以擺攤的方式銷售著翡翠飾品。此處的翡翠種類，包括了各式各樣等級的首飾及雕件，當然染色翡翠及經過酸液處理後的 B 貨翡翠也隨處可見。

在此集市內，如果顧客中意了其中的某件翡翠並詢問價格時，玉商為了避免其他人知道他們的出價，都不是以口喊價，而是將價格數字打在計算機上給客人看，如果客人要還價，也是在計算機上打上自己想購買的金額數字，雙方就這樣你來我往數次後，直至價格合意，雙方就成交了。

在這個廣場內的客人及買主，也會有許多歐美的觀光客前往參觀，翡翠物件對歐美人士來說是較為陌生的寶石商品，所

以他們通常只是閒逛，或者隨自己對玉飾外型的愛好而隨意購買些廉價玉飾作為紀念品，因此往往並不會在乎或根本不懂這些玉飾是否為染色品。

值得一提的是，台灣買家也會穿梭於此，這些買家在台灣通常是經營珠寶店的商家，他們的購買量通常比較大，一旦有被看中的翡翠經常都是一手貨，藉此加大議價空間，對當地的店家來說也算是重要的買家。

■炮台街的切磨工廠

在香港，除了大多數人熟悉的廣東道及甘肅街的翡翠集散地之外，還有一處較少為人知的翡翠切割工廠所在地——炮台街。炮台街上有為數不少的翡翠切磨工廠，它們除了自己前往緬甸標購翡翠原石回來切磨外，也做代工切磨的工作以賺取工資。

一般來說，此處的切磨金額比起大陸內地要高一些，所以會送往該處切磨的翡翠原石，其品質通常比送往中國大陸的還要高檔。此處所切磨的翡翠飾品以手鐲、旦面戒面為主，台灣許多珠寶店的翡翠飾品，多是來自此地的產物。

香港的翡翠切磨工廠，大都以手鐲、
旦面、耳環、墜子等高檔首飾為主

花輪哥不藏私

一手貨

　　如果你到緬甸、香港或是中國大陸去買翡翠，常常會聽到賣家說：「一手貨」。

　　比如賣家手持八只、十只串在一起的手鐲（賣家會聲稱它是同一塊原石切出來的），對你說：「這樣一手×××元，不能挑，你要一次全部買。」這就是「一手貨」。

　　「一手貨」的商品裡，一定有幾件是優質的，但也有幾件是有瑕疵的，其目的就是要你好的壞的全部買走。當然你也可以要求挑選購買，這時他報給你的單支價格，恐怕會高到讓你感覺不如一手貨全買了。

　　其實一手貨是專對外行人銷售的話術。在翡翠市場遊走多年、經驗老到的賣家，往往在購買翡翠物件時會比較理智，也會知道自己店裡較為通貨的商品是哪些，因此對一手貨的商品興趣缺缺。畢竟進了一手貨商品，就得面臨可能有部分會賣不掉的風險，對店家來說，沒有比商品的流暢、快速轉換成現金更重要的了。

　　可是對行外人來說，買一只比買一手貨的翡翠貴太多了，於是在這種心態下買了一手貨，許多這種下場就是一手貨的瑕疵商品，只能永遠成為貨底了。

　　不過要特別說一下的是，「一手貨」常常出現的狀況是：如果是 A 貨那就全部都是 A 貨，如果是 B 貨那就全是 B 貨，很少會有相互混雜其間來出售的情形發生。

「一手貨」的商品裡，一定有幾件是優質的，但也有幾件是有瑕疵的，其目的就是要你好的壞的全部買走

2

旅遊景點──旅行社推薦的購物點，賣的一定是 A 貨？

　　跟著旅行團或到旅遊點買翡翠，也是民眾經常會購買的管道之一，到底旅遊景點賣的翡翠有沒有價值，能不能信任？這是讀者最關心的問題。

　　在回答這個問題前，我講一個真實案例。

　　有位太太跟先生參加旅行團，一起到大陸旅遊，某天，他們整團被地陪帶到購物點去購買翡翠珠寶，到了購物店，她跟先生兩個人立即從店內走出來，因為她覺得旅行社推薦的店家賣的東西一定很昂貴，所以她們決定去附近景點逛逛。

　　恰巧，鄰近也有珠寶店在販售翡翠，夫妻倆進入逛了逛，禁不住當地賣家的舌燦蓮花，花了新台幣 100 多萬元買了一只翡翠手鐲，而且買的時候很興奮，總是覺得自己挖到寶。但終究是 100 多萬元的金額，在準備回國上了飛機後，突然心裡開始懷疑它是真是假，而且愈想愈不安，於是回到台灣的第一件事，就是把它拿到我的鑑定所來鑑定。哇！結果不得了，沒想到上百萬的翡翠手鐲竟然是個 B 貨，價值一下子跌落到新台幣一千元。

這晴天霹靂的消息，頓時讓她傻了。她癱軟無助的問我後續該怎麼處理，我不忍心的告知她幾乎不可能處理，畢竟這是她自己走進其他購物店買的，無法找旅行社負責。

她最後講了一句話：「有什麼地方可以把它處理掉？我想我這輩子都不想要再看到它了，看到它就讓我痛苦萬分。」

但我告訴她，珠寶沒有中間價，你說你花了 100 萬元買進，想賠一半，用 50 萬元把它賣掉，對你來說是損失了一半的價格，但仍然不會有人要的，因為它是 B 貨，B 貨沒有中間價，就算降到一成 10 萬也賣不掉，因為沒有人願意花新台幣 10 萬元買進一只僅有「短暫美麗」的翡翠手鐲，所以很抱歉，新台幣 1,000 元就是 B 貨的價格。

在寶石市場，A 等級就是賣 A 價格，B 等級就是賣 B 價格，Z 等級就是賣 Z 價格，Z 等級賣不到 B 價格或 C 價格；同樣的，B 價格也絕對賣不到 A 價格。

中國大陸的旅遊購物站中除了中藥、茶葉外，最重要的就是翡翠玉石了

最容易衝動，「鬼遮眼」的情境式購買

　　很多人告訴我，每次在旅遊景點購買商品時都特別的興奮，當下擔心買不到，幾乎人人搶著買，像挖到寶般的開心。但從上飛機開始，一直到跟親朋好友聊一聊比一比，那時才會開始心生懷疑覺得奇怪：「咦？為什麼當初我會去買這個物件？」之後會愈看愈覺得怪，心裡會愈發毛，一顆心一直是吊在那兒，下了飛機就會直奔鑑定所。

　　很奇怪，購買珠寶翡翠常出現一個有趣的現象，就是「情境式購買」，講白了就是「衝動」，旅行團帶去的購物點，就是標準的情境式購買。當你看到別人都在買，甚至搶著買，就會覺得有一股對賣家的信任感與踏實感，感覺自己好像也應該來買一下，於是現場的氛圍增強了買氣，也加強了購買者的衝動。

　　尤其是去中國大陸旅遊，不了解這個產業的人會覺得翡翠來自中國大陸，所以到產地去買準沒錯。去了以後，只要你看到被帶去的是間大型翡翠珠寶店，又掛著國營店招牌，大概就吃了安心丸；有的翡翠珠寶店又有車間工廠，雕工師傅就在現場雕刻琢磨翡翠，那就更確認進了批發店了，既然是批發店那肯定是批發價，於是下了結論就是「當然要買」。

　　這些店一般的銷售手法是，店員先展示一件中等品質的翡翠，告訴你一個很高很高的價錢，然後說這件翡翠已賣出不能賣給你，之後再拿出一件相對品質比較高的翡翠，也出了個高高的價格，最後擺出「忍痛的表情、歡喜交朋友的心情」，將價格下降至一折。有了前一件中等品質翡翠做比較，你當下覺得

賺到了，而甘心掏腰包買下。

在這些多重變換的情境下，你怎麼可能不心動，怎麼可能不出手購買呢！

有了這樣活生生的例子，我的建議是，如果出外觀光旅遊，有機會買翡翠絕不要買高價的物件，只要當作到此一遊、買個紀念品就可以了。

另外，出國購物還是要跟團或是跟旅行社有關的這些購物點購買，萬一發生無法預期的狀況，至少還有個可以申訴的管道，才會有基本的保障。

在廣州有不少特定的翡翠販售點，前往觀光駐足瀏覽時，務必多加留意選購的盲點

當然有的人會認為進了購物點購買商品，總會被旅行社賺取佣金，所以單價普遍會較一般商店來得高，而選擇到別的商店去購買。其實出門在外，你的長相、口音、穿著等等，處處寫著「你是觀光客」，對店家來說，你就是只會進門「一次消費」的客人，如果你沒有在旅行社推薦的商店購買，你所購買的商品究竟對不對、價錢高不高，都沒有人可以幫你做連帶保證，你完全就得承擔自己購買的東西。

買翡翠，絕對不能在情境式的狀況下衝動購買。切記這一句話：在情境式下購買翡翠，有九成都會犯錯。

多看多比較，才能避免陷入「情境式」購買

我鼓勵讀者到旅遊景點的購物站時，一定要多走走多看看，看個三、四家店再決定購買的商品，只要願意花時間多看，就會增加自身的經驗。

我的意思是，你先到 A 店去看，根據「顏色、透明度、光亮度及乾淨度」這四項基本元素進行判斷，之後再進到 B 店去看。如果你能夠把持這四項標準，大概也就可以看出 A 店跟 B 店的翡翠手鐲差別在哪裡？哪一家比較好？

接著自己先假想一個可以購買價格，依照你準備的價格向店家出價，當然，交易的過程會出現來來往往的出價、喊價是很正常的，只要堅持你所想的價格或微微調幅一下，都有可能會出現意想不到的收穫。

如果你和店家的價格僵持不下，心中對這塊翡翠商品又愛

不釋手，此時，你很容易就失去原則，不斷把價錢往上加，這樣的購物心態，對於店家而言是屢見不鮮的事，所以店家就會卡死在一個價位，頂多只肯再給你一點小小的折扣罷了。此時你會以為這個價格已經殺到店家的底線，往往也就鬆手達成交易，但這筆交易對你來說，事後多半都會後悔的。

　　許多賣家在銷售翡翠商品時會告訴你，翡翠是有行無市的，只要雙方談妥，任何成交的價格都能成立。但我認為，翡翠的價格是建立在客觀的品質及市場的交易機制上，一定會有一個合理的價位。我碰到的很多情況都是，賣家的開價超出買家心裡的底價，可是買家因為透露出對商品的喜愛，極力想買到它，只好不斷加價去買；一旦你出現這個行為，就是讓自己陷入情境式購買了。

　　如果在雙方價格堅持不下時，你不加價，賣家就不賣，那

買翡翠本來是一件心情愉快的事，但情境式的購買卻會讓許多人在事後都覺得自己買貴了

就放棄這筆買賣吧！事後可以再慢慢去找，往往都可以找到你想要的翡翠物件。買翡翠本來是一件心情愉快的事，但情境式購買會讓許多人在事後後悔，覺得自己買貴了，或是商品沒有想像中的優質，反而因此懊惱無比，心情盪到谷底，讓一樁美事變成一個非常不愉快的購物經驗。

　　只要不是加價購買來的翡翠，一旦買到心情就會很好，佩戴的時候，感覺也是好的，因為你就是用心目中的價格買到的；縱使在未來發現真的是稍貴了一點，但你反而會思考成當時還好沒有再往上加價，同時這個買價也是自己心甘情願的。

　　購買翡翠，最重要的就是得失心不能太重，就算沒買到也不用捶心肝，我每一次都是這麼建議朋友，唯有如此，才不會讓自己有後悔莫及的失誤產生！

3

珠寶展與國際拍賣會——買好貨必去？

　　近幾年來有很多珠寶展覽，像台北就舉辦不少場次的珠寶展，我的經驗是，如果珠寶展裡有翡翠雕件，標價是新台幣100萬元，那麼實際成交價大約是三到四成價。

　　我曾碰到這樣的案例，一件翡翠玉雕賣方開價100萬元，而買方回價30萬元，當下沒有成交。等到珠寶展撤展後，賣家打電話給出價30萬的買家，請他再加一點，只要再加一點他就願意賣，而這中間的時間差大約是撤展後的半個月到一個月左右。

珠寶展就是珠寶商的大集合，買家可以一次看見眾多珠寶店的商品，客觀而言，是個不錯的選擇商品的場地

所以，其實大家都在等，等誰先「投降」，看誰先打電話。如果有賣家說「這翡翠跟你有緣」，我倒認為，既然有緣，再等等也無妨；既然有緣，就表示我們有可能用比較合理的價格買到它。

我要說一件很重要的事，讀者請記住，有些翡翠，賣家賣不掉就是賣不掉，這就是市場上常說的「緣份」。如果翡翠跟「賣家」有緣，賣家無論如何就是賣不掉，再低的價錢都賣不掉，有可能是因為沒有人喜歡那個顏色或雕件形制，以致翡翠賣不掉。如果真的與我們有緣，我們何妨耐著性子再等等呢？

當場別加價，拿張名片就閃人

我再講另一個實例。

1994 年，我去斯里蘭卡參加一個國際型珠寶展，也順道去視察了當地的礦區，當然就在現場碰到許多的賣家。斯里蘭卡出產著全世界最高品質的金綠柱貓眼石，現場我看中了一顆，就跟珠寶商議定 1 萬美元購買，他當時也說好，而他也知道我是第二天晚上的飛機返台，但他仍告知我要等到明天中午才能交貨給我。

隔天早上我準備好了 1 萬美元等著他來，沒想到他居然沒出現，直至下午，他的朋友才跑來告訴我，他在早上已經以 1.5 萬美元賣掉了。我才恍然大悟，因為昨天我開價 1 萬美元，他雖口頭答應成交，但他卻是連夜到處詢問其他買家，1.5 萬美元有沒有人要買，有人要買他立刻就賣掉，這就是珠寶商一貫的

標準行為。

　　我的意思是，如果消費者要買翡翠，因為翡翠的結晶結構跟其他寶石不一樣，在市場上很難找到一模一樣外觀的兩件翡翠，當你碰到喜歡的翡翠，確定了真偽，品質及價格又達到自己的要求，那麼就要趕快下手購買。

　　但是，我的建議是，對方開價，你還價，而且所還的價格應該是你的底線，意思是說價格既然還了就堅持這個價格不要再動了，不要再加價了。當你願意為心動的翡翠物件一再加價，賣家就知道你沒有底線，他心裡也就有數，準備好好的海削你一筆！

　　如果你已經還了價，但結果沒有成交，此時只要向珠寶商拿張名片並留下你的電話就可以離開了；然後，就等著賣家的電話來，拿張名片的目的，是讓你知道未來是哪位賣家打給你的而已。

　　買翡翠不是買菜，如果你不是行內人，絕對不能他開 100 萬，你殺至 30 萬，然後他又開 80 萬，你變 40 萬。如果你自己本身沒能力確認市場行情，只因為喜歡物件本身，從 30 萬變 40 萬、50 萬、60 萬……一路往上加，這樣很容易被賣家牽著鼻子走，就算買到心儀的翡翠，事後仍會為買到高價而懊悔。

國際性拍賣市場，是翡翠價格高漲的推手之一

　　還有一種情境式購買的場所就是「拍賣會」。

　　身處在拍賣會中，那現場標購的氛圍是──喊價先自左邊

來，接著右方也舉牌加價，再來後方的人也高舉加價，似乎拍賣物件熱絡到大家都搶著要，這時你也就跟著一股腦的舉牌追價，「熱絡搶購」的情境一出現，你自己莫名的也就投進去了。

鑽石交易率先起源於歐美市場，漸漸的成為歐美市場的熱絡商品，價格也就穩定成長，因為行銷推廣的成功，鑽石也順利打入亞洲市場，亞洲人開始以鑽石做為入門寶石或新人定情的寶石。

同樣的，東方人喜愛的翡翠，也是在這十幾年間開始進入西方市場，約在三、四十年前，知名的佳士得、蘇富比等國際性拍賣會裡根本看不到翡翠的拍賣物件，縱有也是零零散散，主力商品仍是紅、藍寶石、祖母綠、鑽石等首飾品。

翡翠之所以慢慢在國際間揚名，是因為 1997 年香港回歸中國大陸，接著中國大陸經濟起飛，讓西方人發現東方市場的潛力，也洞悉了翡翠是東方人最愛的首飾品，才陸續開始接觸並收件拍賣。沒想到幾場拍賣結果下來，舉牌愈來愈熱烈，標價也愈來愈高，這才讓國際性的拍賣會中，逐漸出現更多更優質的翡翠拍賣商品。

許多早期的拍賣價格是 100 萬元的翡翠物件，現在大概也都飆漲到數千萬元以上，價值暴增數十倍甚至百倍以上的實在太多了，即使直至今日，仍一直持續有讓人意外的驚奇價格出現。

國際性拍賣市場比較有保障？

當然也會有人問，到這些國際性的拍賣會去標購翡翠是不是比較好？

我先說答案，是「好」也「不好」。

評論國際性拍賣會標購翡翠好不好，要由兩個層面來說。

第一是物件的來源。

國際性拍賣會的商品來源，早期是向特定藏家邀請拍賣，現在因為品質好的物件愈來愈少，許多拍賣品也會以公開徵件的方式取得。既然是公開徵件，來者就未必都是真正的藏家，不少是活躍於翡翠市場上的賣家，希望透過拍賣公司來出售手中的商品。國際性拍賣會因為都有鑑定單位嚴格把關，所以在國際性拍賣會拍賣的商品來源與真假，大致上都不會有問題。

第二是標購的價格。

國際性拍賣會的利潤空間是要向買、賣雙方抽取一定成數的佣金，而佣金的成數是依照標購的成交價格為計算標準，一般向賣家抽取的佣金成數約在 8% 至 20%，買家的成數則大約在 15% 左右。

國際性拍賣會都有一定的商譽，所以跟他們標購的商品品質是比較有保障的。但是相對的，因為買、賣雙方除了商品本身的成交價，還必須額外支付共約 30％的佣金，也就是 100 萬元標購的商品大約要再加 30 萬元佣金部分，商品的實質買價是130 萬元。

如果到一般的珠寶店去購買，價格是買賣雙方互相議價即

國際性的拍賣會對商品有專人把關，相對都比較安全

可，不必像拍賣會上必須多支出3成的佣金，只不過商品的真偽及品質，完全要靠自己判斷，沒有第三立場的專業人士為買家把關。

依據上述兩點的結論，我的看法是：如果自己沒有專業技術，也沒有特定賣家的資訊，那麼國際性拍賣會應是可以選擇的方向之一。首先它的價格是公開的，二是商品的材質及品質都是受到保障的。可是相對的，畢竟標購的價格還需加上拍賣佣金，所以價格是否合適，那就是見仁見智了。

翡翠交易市場也出現了另一種特殊的狀況是，在台灣的翡翠珠寶店裡，許多高檔翡翠都是以互相隱密的方式交易，賣家不願意公佈賣出的翡翠是多少錢，買家也不願意讓人知道他所購買的價格，為什麼？

因為買賣雙方共同的想法與邏輯是，如果大家都知道當初買家購買的價格，未來這件翡翠上漲的空間就被設限了；但是反觀國際性拍賣會所拍售的翡翠珠寶，每一件都必定會在手冊上公開登錄價格，每年都可以追蹤得到，這反而是許多買家願意向拍賣會標購的主要原因之一。

花輪哥不藏私

國際拍賣會為何不在台灣？稅賦是關鍵

　　翡翠拍賣會無法在台灣舉辦的原因，是因為在台灣有「稅」的問題。台灣拍賣會每拍出一件商品要繳交約 17% 的稅，這筆錢該由買、賣雙方或主辦單位來繳納呢？這麼重的稅賦，造成國際間重要的拍賣會不在台灣進行，亞洲地區最常舉辦的拍賣會，大都選擇在稅賦較輕的香港。

　　有趣的是，台灣買家是國際性拍賣會必須爭取的重要顧客，所以你會看到這些拍賣會在舉辦拍賣之前，都會先在台灣做預展，也就是在拍賣的前一個禮拜，將拍賣物件先送來台灣展覽，開放給台灣客戶觀賞，但最後的拍賣交易現場，則是選在香港舉行。

4

購物台———購物台賣得超便宜，有保障嗎？

在鑑定節目上，常有來賓帶著在電視購物台購買的翡翠來鑑價，其中當然不乏有好東西，可是也有不少寶物鑑價的結果，比當初買進的價格要低上許多。

買翡翠當禮品可找購物台，如想增值需三思

除了拍賣會、珠寶店、玉市外，現在電視購物台也能買到翡翠。電視購物台頻道多、運送便利、有十天的鑑賞期等特性，在消費行為上極具影響力，早期甚至還有購物專家，號稱最高紀錄是一小時可以賣掉上億元的珠寶。

不過，如果你問我可以跟購物台買翡翠或其他寶石首飾嗎？我個人的看法是：買翡翠當禮品可找購物台，如買翡翠想增值則需三思。

如果今天要買珠寶「送人」，在購物台購買不失是一個可行的方式，因為購物台的珠寶類商品有一定的價格，設計款式上也有一定的流行性。假如你今天預計送出 1 萬元的禮物，但是

花輪哥不藏私

購買珠寶翡翠注意事項

曾有網友認為,電視購物台的燈光很強很明亮,自然能讓翡翠的顏色更鮮豔、更漂亮,而且透明度與光亮度也都很棒,但實際收到翡翠商品時,都不如電視上播放的那麼優質,感覺裡面暗藏很多玄機,所以認定電視購物台賣的翡翠商品都不會太好。

針對網友這樣的說法,我個人認為不能一竿子打翻一條船,否定所有電視購物台的商品品質。對電視購物台來說,往往會從要銷售的商品中,挑選一只品質相對最好的商品,作為現場播放的展品,由於翡翠珠寶的特性就是沒有兩件會長得一模一樣,所以我建議,如果在電視購物台看到令你心動的翡翠首飾,購買前、後你都必須注意以下三件事:

1. 購買前應先做足功課,對翡翠商品的品質等級和價格行情應有基本概念。
2. 購買時要側錄電視購物台節目中展示的翡翠首飾,同時索取鑑定證書及保證書。
3. 購買後收到貨品應立即檢查比對,發現異狀馬上換貨或退貨。

送錢太俗氣,所以決定改送禮品;如果知道對方喜歡翡翠類的寶石,同時又可讓對方知道你贈送的翡翠首飾價值多少,那麼向電視購物台購買倒不失為一個好方法。

然而,如果要購買具有增值性的翡翠及其他寶石類等物件,那麼電視購物台提供的通俗商品,就不是一個好選擇了。

　　前面提到，翡翠之所以保值，是因為其「稀有性」，能增值的翡翠是指「品質高檔的稀少性」，然而電視購物台的翡翠類商品大都是通俗的批貨品，也就是一整批一整批的進貨，以致每樣商品的品質或形制都很類似，而只要相似性很多的商品，就不容易顯示其特別或稀有性。

　　古人說「物以稀為貴」，要能增值的翡翠，一定是翡翠蘊藏極其稀少的高品質類別。

5

珠寶店——你在珠寶店花高價買的是品牌還是品質？

　　在台灣，閃玉類的和闐玉或豐田玉等大型雕件，多是擺放在玉石店或工藝品店販售，而珠寶店內賣的都是翡翠物件。

　　珠寶店之所以沒有銷售閃玉，是因為閃玉的價值性沒有翡翠來得高。對珠寶店來說，一顆小小的旦面翡翠可能動輒數十萬元甚至百萬元，但是閃玉很少有手鐲或旦面的首飾類商品能達到數十萬元以上。

　　閃玉的優點是它的原料體積大，石脈紋及雜質少，所以取其優點，就在於雕工藝術。一件具有藝術氣息、雕工細膩、體積完整、顏色潔白或鮮豔亮麗的閃玉，價值也會高達百萬元以上。

閃玉的價值除了本質外，最重要的在於雕工藝術

也就是說，如果要買翡翠，如首飾類的戒指、手鐲，或是墜子、耳環等，就要到珠寶店；如果要買閃玉的雕件品，不妨逛逛工藝品店。

在珠寶店購買翡翠的保障是，珠寶店家可提供銷售的商品保證書，一旦商品有任何的問題，至少消費者還求之有門，可是保證書卻無法保證該商品的品質及有無人工優化處理，也就是說經營珠寶買賣的商人，有些並非一定是寶石專家。

我說兩個真實案例：

第一個案例。

有位學生長期經營假日玉市生意，她銷售的寶石是「翠玉」，一件小雕件的售價約介於新台幣 4,000-8,000 元間。她之所以成為我的學生，是因為現在上門的客人詢問的寶石問題愈來愈艱澀了，有天上課時，她將攤位上的翠玉拿給我看，希望從我口中證明這件翠玉的身分……自此以後，她結束了假日玉市的攤位，也暫時中斷了為期七年的珠寶生意。

原來她的攤位所擺設的商品，大多是染色石英及低品質的翡翠，染色石英外觀極像高檔翡翠，加上她的上游廠商批貨給她時，使用的是「翠玉」這個名稱，對行外人來說，只要冠上「玉」字就一定是翡翠了，更何況上游廠商又在玉字前加了個「翠」字，我學生不疑有它，也就經營了七年之久。

第二個案例。

有個學生是台灣珠寶業第二代，父母開了珠寶店，為了讓他接班，特別送他來參加珠寶鑑定課程。

這個學生在學習專業知識以後，開始到各大百貨公司設立

專櫃，他自己也設計了許多專業術語，並且把正確的寶石知識傳授給櫃姐。因為有專業知識加上遇到對的市場時機，他的員工人數從5、6人很快速的增加到6、70人。

他知道翡翠品質就是依據翡翠顏色、透明度、光亮度及乾淨度來區分等級，因此他在每個櫃位準備了筆燈與相關工具，教導櫃姐如何對顧客顯示自己的專業，包括放大鏡要怎麼拿、筆燈的照射角度等等。同時他也要求櫃姐都要能清楚說出翡翠的各種專業知識，而不是如其他專櫃的櫃姐只靠舌燦蓮花說服客人購買。他有一套標準作業流程來訓練員工，使顧客是因為信服他們的專業而購買。他接手後的珠寶店，員工快速增長，營業額也高得驚人。

後來他轉戰中國大陸，便以高價把台灣公司的經營權讓出，可是接手的新東家不懂珠寶，他只是按現有的模式持續經營。慘的是，由於新東家不具有寶石方面的專業知識，以致進貨時品質頻頻出現問題，加上短視近利改變當初成功的行銷模式，最後公司業績頻頻下滑，櫃姐跳槽，百貨公司要求撤櫃，一連串的不順，兵敗如山倒，最終只能以結束營業收場。

從以上兩個真實故事中，我的結論是，如果在別的行業裡要「半路出家、邊走邊學」，或許有機會成功，可是在珠寶業卻無法有這種投機的機率，要成功一定要有專業基礎，而專業基礎也有一定的門檻，看別人成功不代表自己就能成功，即便接手他人成功的基業，也不代表自己能夠持續成功。

我在所裡向客人解說鑑定結果的時候，常常聽到客人說他

當初購買時，業者是怎麼跟他介紹這件翡翠。聽了這麼多故事下來，我發現有時候不是業者故意要欺騙消費者，而是業者自己本身也因為專業不足而被上游廠商矇騙，之所以還能把商品賣出，憑藉的是滔滔不絕、口若懸河的口才。

但有一點可以肯定的是，一般翡翠珠寶店的老闆閱人無數，長年做生意下來，累積了非常多的「看人」經驗，當然也就知道要怎麼應付消費者。其實大部分消費者的購買與出價經驗如出一轍，即便有些微的差異，也會隨著自己的一舉一動而曝露心裡的想法。因此，想要跟珠寶店老闆打交道，這裡面就有許多很重要的「眉角」在其中。

■和老闆過招 1：千萬不要說是誰介紹來的

從你踏進珠寶店的那一刻，老闆就已經開始觀察你。

許多人因為不同的原因，總喜歡向賣家說出自己是某某人介紹而來。

但我要再三強調，絕對不可以！這可是極大的購買死訣。我每次演講必會跟大眾說，要買翡翠珠寶，千萬不要向賣家透漏你是誰介紹來的。

殊不知，只要你跟賣家說了你是朋友 A 介紹的，你就被賣家定位了。這是買家的罩門。

站在買家的立場，買家往往會想，我只要說出我是誰介紹的，商品的品質與價格應該都能被優待些，其實正好相反，一旦你說出你是朋友 A 介紹來的，試問你將要向店家購買的翡翠珠寶的價格會比朋友 A 好嗎？「No」，不僅不會，而且一定會

比較高。

　　我要再強調一次，就是你在這一家珠寶店內，將要購買的翡翠珠寶價格，肯定一定會比朋友 A 來得高。

　　理由只有一個，就是未來賣家是需要面對你的朋友 A 不是嗎？假若你購買的價格比朋友 A 要便宜，賣家不僅無法面對你的朋友 A，甚至還有可能要解決以前賣給朋友 A 的所有商品。

　　我說一個我親身經歷的例子：

　　我曾經帶一個學生 A 到北京玉雕廠去察訪，學生 A 在玉雕廠內相中了一塊翡翠，北京玉雕廠提出來的價格是人民幣 50,000 元，我們回價 8,000 元人民幣，結果他們說這個價格無法賣，要我們回去想一想，他們也會思考思考，雙方約定兩天後再議。

　　兩天後，回到同樣的地方，這時多了另一位學生 B 與我們同行；現場，廠家從 50,000 元降價成 20,000 元人民幣，當話一落定，廠家也同時看到了學生 B，立即就改口說他搞錯了，其實那件翡翠已經被買走了，很抱歉 20,000 元也無法賣了，廠家說，昨天已經有人開價人民幣 3 萬元買走了。

　　事後，玉雕廠的老總告訴我：「那天跟你來的那個學生 B，前一個月已經到廠裡來買過其他的翡翠物件，因為價格不菲，所以那天不能用那個較低的金額賣給你的學生 A，對玉雕廠來說，寧願沒有做成學生 A 的生意，也不能否定他們廠裡之前賣給學生 B 的價格。」

　　最後，介紹人的「專業」程度也代表了你的底，甚至顯現

告訴賣家你是誰介紹來的，無非就是告訴賣家你被定調的可購買價格

的是更不專業。如果介紹人已經是珠寶店認定的外行人，那賣家就會知道你更是一個大外行，在如此不對等的交易裡，你會付出相對較高的金額也就順理成章了！

在翡翠行業裡，像類似的狀況層出不窮。所以歸根究底就是要購買翡翠，自己一定要有專業。

■和老闆過招2：不說預算，只挑出自己喜歡的物件

我常說珠寶店的每一件翡翠珠寶都有三個價格，那就是「標籤價」、「成交價」、「成本價」。

當你一踏入珠寶店，大概有9成9的賣家都會詢問消費者：「你的預算多少？做什麼用途，是送人還是收藏自用？」其

實這些問題，都是在偵測你會花費多少錢？該介紹給你何種商品？該開出標籤價的多少折扣給你？

當你進入珠寶店，不需要讓對方知道你是特地來或是別人介紹你來，請直接瀏覽商品，一旦有目標時，就直接告知店員你想要的翡翠物件。

你也不需要告知自己的預算有多少，因為一旦說出自己的預算，店家下一步就會拿出你預算金額標價以下的翡翠物件。

比如我們說 50 萬元，那賣家一定是拿品質等級在標籤價50 萬元以下的物件，而且還可能沒有多少討價還價的空間。我們在買翡翠時，希望賣家拿出來的物件，開價一定要是破你的封頂價，也就是你的預算 50 萬元以上、甚至 100 萬元的標籤價商品，然後再與賣家相互議價。因此，只要觀察珠寶店內有無你喜歡的物件，若有，就直接詢問價格，不要告訴賣家你的預算是多少。

接下來，許多交易情況是，賣家會拿出幾樣東西，來測試你的專業程度到哪裡。

比如有的賣家拿出三個物件，看你喜歡哪一件，在他拿出來的這些物件中，有可能其中一件是品質優良的 A 貨翡翠，一件看似品質優良的 B 貨翡翠，再一件是看似品質優良卻暗藏石脈紋、蒼蠅翅膀等瑕疵的翡翠，如果我們沒有專業能力足以判斷，你就只有三分之一的機會選到品質優良的翡翠。所以當賣家一次拿出好幾個物件要你選擇的時候，其實就是在測試你的基本功力。

另一個狀況是，在店內瀏覽時，如果沒有看到你喜歡的翡

不說預算，只挑出自己喜歡的物件

翠物件，而直接問賣家還有沒有其他的收藏品，此時一般賣家是不會有意願拿出來給你看的，因為他看不到你有購買的誠意及欲望。

所以最好的做法是，先從他的櫃子裡面挑出你一件相對你比較喜歡的翡翠物件觀賞，再問他有沒有比這一件更好的物件。

所有的珠寶店或賣家，多少都有自己私藏的翡翠物件，不會輕易的展示出來。可是也不要一味認為他從保險櫃拿出來的物件就一定是真的，是好的，有些時候這也是賣家的障眼法，保險櫃裡的東西有真有假，賣家可以在任何時候拿出任何物件，來測試你到底懂多少。

開價的部分，我會建議，無論賣家拿出多少物件出來展示，永遠要讓賣家先開價，再回價。

■和老闆過招 3：不要被「商店外觀」與「商品名稱」影響

很多人認為，會因不同的銷售地點，販售翡翠的品質也不同。但我認為未必如此，在珠寶店可以買到高檔的翡翠，但只要你識貨，即便到一般的玉市，也可以買到不輸給珠寶店的高檔翡翠，而且可能物更美、價更廉。

即使是一個珠寶大店，擁有高檔的裝潢，你仍有可能會買到人工處理的 B 貨翡翠，重點還是要回歸到珠寶店家有沒有鑑定專業的能力。所以，買翡翠不在於店面的外觀與裝潢，而是翡翠本身品質的優劣。

如果你到知名的「國際品牌」門市，或是享負盛名的店面去購買，這其中又牽涉到「成本」的問題，所以首先你要問自己的是，你想買的是「品牌」還是「品質」？

如果你要買「品牌」，當然得找國際品牌或享負盛名的賣家購買，可是，這些賣家早已把鑑定的費用與商譽等各種「成本」，一併加進售價中，以致你買到的翡翠物件價格相對較高。也就是說，你用較高的價格，買了一個保障跟安心。

再來，你在購買翡翠的時候還會遇到的第二個問題，就是「市場名稱」的問題。通常珠寶店會有一堆「種、底、水頭、飄花」等一堆市場名稱，往往讓人丈二金剛摸不著邊際，腦袋一片混亂。所以我從第一篇開始就建議讀者，千萬不要去管這些市場名稱，因為同一個市場名稱，在不同的賣家會有不同的定義；也有可能不同的市場名稱，在不同的賣家卻解讀為相同的定義。

我認為，這些市場名稱沒有得到共識前，先不要理會，讀者自己也要避免接收這些名稱。我再三強調，要了解翡翠物件的品質，只要簡單的記得五個準則——顏色、透明度、光亮度、乾淨度、切割標準，只要記得這五個原則，保證不管你到哪裡買，絕對「一路通」。

■隨身攜帶「標準石」，善用智慧型手機做比較

我說過，第一個評判的標準就是「翡翠的顏色色調」。對沒有受過專業辨識顏色訓練的消費者來說，綠色就是綠色，有什麼差別？殊不知單單名為「綠色」的色彩，可以依其深淺度的不同、所帶副色系的不同，而呈現出不同色調的綠色，而價值性就是隨著其綠色色調的呈現有所高低。

舉例來說，淺淡綠色跟深濃綠色的感覺就完全不一樣，綠中黃色嬌嫩的感覺和綠中灰色混濁的感覺也不相同。但是，人的眼睛對顏色是沒有記憶體的，我們無法記住顏色的色調，所以如果有可能，請準備一顆漂亮顏色的翡翠，就把它當作「標準石」（也可以是自己佩戴的翡翠），每次要購買新的翡翠時，就可以拿出來兩顆翡翠互相比較，如此即可更加確認你要買的翡翠，在顏色色調上是不是達到你的標準。其實以此類推，在選購所有的寶石上都可以使用此一方法。

第二個就是透明度。

翡翠的透明度愈高，就會愈感覺翡翠水水的，像水流般的清澈。測試透明度就是在紙張上面畫一條黑線，將要鑑定的翡翠壓在黑線上，透過這塊翡翠觀察是否能看見那條黑線。

有時候可能沒辦法完全清晰的看到那條黑線，這時就要在黑線上輕微的移動翡翠，如果能夠看到或隱約看到黑線都代表透明度很好，達到最高等級的半透明。只不過，大多數的翡翠都是屬於第二等級的透光度，也就是使用筆燈由下往上照射翡翠，筆燈的燈光能夠完全透過翡翠。

第三個就是翡翠表面亮度，也就是寶石學說的光澤度。

使用筆燈由上往下照射翡翠，會看到翡翠表面有一光點，此時注意光點的輪廓，若是光點輪廓清晰界線分明，就是最好的光澤度，市場上俗稱玻璃種，意味著像玻璃一樣亮度的光澤。只不過大部分的翡翠屬於油脂光澤，看起來的光點會有微微的暈開，界線沒有那麼銳利。

以上這三項評判品質的標準，都可以使用一樣東西去幫忙區分，就是「標準石」，標準石的體積不需要很大，但是顏色、透明度跟光亮度都必須達到自己認定的等級，這時針對你要新購買的翡翠，只要拿出標準石經過「比較」，必能看出差異性。

購買翡翠最怕的是消費者要求賣家拿出一堆商品來做比較，但是比較完了、眼睛花了，最後還是搞不清楚，主要的原因就是沒有一個比較的基礎。有的翡翠顏色比較漂亮，有的翡翠透明度比較通透，有的光澤度很銳利，各個優點不一，如此一來自然不知該如何拿捏；而且東西一下看太多，看了半天就不知在看什麼，最後還是空手而歸。

這樣的結果，其實賣家也不樂見，有經驗的賣家通常不會同時拿出五件以上不同的翡翠飾品給消費者看，大概二至三件供比較就差不

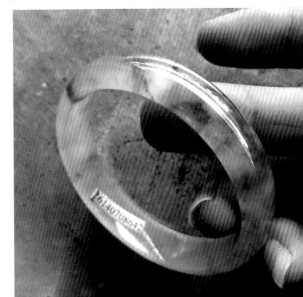

翡翠的顏色色調是第一個要評判的標準，第二個就是透明度，第三個則是翡翠表面亮度，三者缺一不可

多了，因為賣家都知道，一次同時給外行的消費者看五、六顆旦面戒面或五、六只手鐲，選擇性太多就變得太複雜，會思考不過來，琢磨半天的結果就是一件都不會買，最後只是在浪費彼此的時間。

當然，你也可以把這個標準石拍下來存放在手機裡。我有一些朋友很聰明，他們去逛珠寶店時會把中意的翡翠拍下來，放在同一支手機裡，然後再相互比較，慢慢選擇，非常方便。所以，用智慧型手機選擇翡翠，也是一個不錯的方式。

買翡翠從幾折開始殺價？重點在開價，不是喊價

很多人會問，買翡翠的時候該怎麼出價或殺價？如果要殺價，要從幾折喊起？是七折、五折、三折，還是狠狠下殺一折？

其實，這不是打幾折的問題，而是賣家「開價」的問題，賣家會開多少價錢給你，取決於賣家如何認定你這個人的專業。所以同一塊翡翠，賣家開給內行人的價錢，跟開給外行人的價錢絕對是不相同的。

■開價陷阱 1：抬高 A 來掩護 B

賣家的開價往往都是有許多學問的。有些賣家會先開一個高價 A 翡翠，其目的是在「提升」或「掩護」B 翡翠的價錢，好把 B 翡翠更輕易脫手賣掉。

手法是，給你看一個翡翠手鐲，價格為 500 萬元，讓你心

裡先產生了一個既定印象，原來「這樣子」等級的商品價格是500萬元，並以這個為標準，再拿出其他的翡翠物件，告訴你這件「只要」300萬元或250萬元，是這只500萬元物件的一半價格而已。

事實上，後來拿出來的翡翠，價值未必值300萬元，但是對你來說，同樣是翡翠手鐲，看起來也差不多（專業知識的不足），但是300萬元可比500萬元差多了，因此成交的手鐲肯定就是賣家想賣給你的價格。所以，用「折數」來討價還價是沒有意義的。

我說一個數年前發生的真實故事。

有一家國內的知名珠寶店找了國際名模來代言，名模戴了一串號稱上億元的翡翠珠鍊走秀，在現場活動結束後，那串翡翠珠鍊就展示在旗艦店裡，成了價值數億元的「鎮店之寶」。不過賣家標榜那一串「鎮店之寶」是「非賣品」，在此同時，這家店的其他的翡翠珠鍊標價，也全部跟著雞犬升天了！

在同一店家裡，外觀看似相同的翡翠珠鍊，標價卻「只有」1,000萬元或2,000萬元，跟上億元的珠鍊一比，你頓時是不是覺得便宜許多？即便是高達千萬元以上，你也會覺得「只有一折」的價格，這就是一種高明的行銷手法！

翡翠價格的訂定絕對有一定的市場交易機制，這個交易機制是建立在翡翠品質的高低，所以當賣家認定你是真正的專業買家，或是一個有經驗的內行人，那麼他所開的價格就不會是漫天喊價、脫離市場的行情。如此你自然也不必從五折甚至三折又甚至是一折開始殺價。

　　如果賣家認為你是一個什麼都不懂的消費者，他會直接開出超過行情數倍的價格，然後滿足你殺價的快樂，當你正開心的以為是自己賺到了，拿到的是一折或三折的價格時，其實你還是被賣家狠狠的賺上一筆了。

■開價陷阱2：假意買回法

　　最後還有一種常見，也可稱為賣家的專業方法就是，讓買方覺得自己佔到很大的便宜。

　　賣家跟他的老顧客說：「你上一次跟我買的翡翠手鐲還在嗎？現在我有一個客人想要買類似的手鐲，不知道你有沒有意願割讓，我記得那時候賣你是20萬元，如果我現在以40萬元向你買回來，不知你有沒有意思要賣？」

　　通常在這種情況下，買家聽了會很高興，當然更不會想要賣，因為他原先就沒有想要賣！那賣家會惋惜嗎？不會，因為結論是買家不但不會賣，反而還會回過頭來想：「哇！我當初買的手鐲都已經漲一倍了，那現在更應該要多買幾個才對！」

　　於是，就在買家充滿信心，開始看新翡翠商品的同時，賣方開給你的價格，自然就從高高的開始起跳。

　　最後一種狀況是，當賣家認定你只是個過路客，沒有意願購買時，他就會隨便丟給你一個價格，為什麼呢？因為你既然不會買，他當然要給你一個非常高的價錢，一則是測試你，二則是讓你知難而退，趕快把你「請」走，以便他服務下一個客人。

花輪哥不藏私

進入珠寶店，不要看標價，而是了解實質成交價

　　珠寶店不願公開價格還有一個原因，就是珠寶業者面對各類不同的消費者，會開出不同的價格或給予不同的折扣數。

　　比如說，一件翡翠首飾標價 100 萬元，來了 A 客人想要購買，A 客人只是慣性的隨意殺了 9 折就買下，此時的成交價為90 萬元；但是若來了一位 B 客人很有耐心的一直殺價，可能店家就會同意以 80 萬元的價格賣給他。這差 10 萬元的價格若是被公開的話，試問店家要如何去面對 A 客人呢？

　　這樣延伸的結果也會出現另一種狀況，就是店家會永遠都有一個高高的標價擺在上面，當標價是 200 萬元，可能實質的成交價只有 50 萬元，其實說穿了，這就是珠寶業界交易的整個習性跟文化。

翡翠珠寶買賣沒有「價目表」，但是一定要殺價

　　雖然說不建議大家用「折數」的方式去買珠寶，但那不表示買珠寶不要殺價，切記，購買翡翠珠寶沒有不殺價的。

　　我碰過一些消費者是從網路上買珠寶，我看似價值只有幾千元的物件，他們卻花十幾萬元去買，這與一般人以為高價才是好東西的迷思有關。

　　其實說也奇怪，許多翡翠真的是要開高價才賣得掉，有時只值 1 萬元的翡翠，賣家開價 20 萬元，經過討價還價後，也有機會成交。我曾有個學生在百貨公司賣珍珠，一對珍珠耳環原

花輪哥不藏私

翡翠價格的市場行情

我常常接到各地方法院的傳票，因為案情的需要邀請我去協助鑑定。往常，無論鑑定鑑價的結果如何，我都會聽到賣家說：「翡翠珠寶沒有一定的行情價格，只要買家喜歡，賣家又願意賣，那就雙方自行議價，雙方談妥的價格就是成交價。」

但有次法院訴訟卻發生不同的結果，當坐在上位的檢察官詢問賣家有關成交價格的事，賣家也回覆相同的答案，此時檢察官反問：「如果沒有一個市場價格，那麼你進貨價格的依據是什麼？」這一問，把賣家問得啞口無言，事後賣家就因買賣不實，以詐欺罪被起訴了。

在翡翠行業裡，許多賣家總是以翡翠珠寶沒有一定的行情價格作為話術，但他們忘記自己在向上游廠商議價購入之時，他們的立場就是與現在的買家一樣，不同的是，賣家是行內人，而買家大多是外行人而已。

事實上，翡翠可能沒有一定的固定金額，但是一定有一個範圍的金額，否則翡翠珠寶的市場行情哪裡來？任何行業若沒有一定的市場行情，肯定會亂了市場的套。

鑽石在 1977 年之前也是沒有價格表，當時鑽石的交易市場異常混亂，直至 1978 年開始，鑽石市場出現了國際鑽石價格表，使得鑽石交易的糾紛日益減少，也讓更多人開始買鑽石。因為買進、賣出都有一定的價格存在，時至今日，鑽石已成為全世界交易金額最大量的寶石了。而翡翠價格的訂定，也應是我輩努力要完成的目標。

本訂價 3,500 元，一直乏人問津，後來轉換銷售策略，將價格提高至 9,200 元再打六五折，沒想到反而每天都能賣出去好幾對，只要讓他意識到，讓客人在感官上有「佔到便宜」的吸引力，才是做生意的「王道」。

翡翠珠寶買賣沒有「價目表」，但是一定要殺價

賣家把價格標在頂端以上，其目的就是留下空間讓客人去殺價，殺價之後買到的翡翠商品，對買家來說就會有賺到的感覺，這就是要讓買家陷入情境式的購買。

最後，我要強調，翡翠珠寶的買賣，在本書出版時，雖然還沒有所謂的「價格表」出現，但是我所執掌的鑑定所，已經運用大數據的方式，建立一套翡翠的價格比對，為消費者做鑑定價格的服務，無論是賣家的標籤價、成交價還是成本價，相信都已如鑽石一般，步上正確的商業軌道了。

反測試店員專業度！兩大動作洩天機

上門買翡翠，最怕遇到不懂裝懂的店員。很多櫃位或珠寶店的銷售人員都是半路出家的門外漢，充其量只是接受珠寶公司或珠寶店的簡易訓練就上場了，所以我們要先觀察銷售人員是否經過專業訓練。

手持放大鏡在觀看翡翠的時候，是否「兩眼」都睜開

如果他們所謂的專業，是上游廠商跟他說了什麼，他就全盤照收，然後再把這個不知是否正確接收的訊息傳達給你，那麼你面對的，將是一場懵懵懂懂、亂無章法的交易行為。

想知道珠寶店本身是否有具備專業技術，可以先行觀察兩個動作。

■動作 1：手持十倍放大鏡，是否兩眼都睜開

觀察店員的第一個動作，就是使用手持放大鏡在觀看翡翠的時候，是否「兩眼」都睜開。

所有的珠寶玉石課程，第一件事情就是教你手持放大鏡的時候，兩個眼睛都要張開，因為鑑定師一天可能要鑑定 200-300 件甚至更多的物件，沒有辦法閉一眼睛張一眼睛去做鑑定，否則長期下來，眼部肌肉會受不了的。

兩眼睜開的動作看似簡單，但如果沒有經過正規珠寶鑑定所的訓練，要想兩個眼睛持恆的同時張開，還真是有一點困難。

■動作 2：打光的角度，是否呈 90 度

觀察店員的第二個動作，就是用放大鏡觀察翡翠，如果光源不夠的時候，一定會使用筆燈來照射。由於筆燈的亮度不一，這時筆燈所擺放的位置是有訣竅的，也就是筆燈光源、翡翠跟眼睛不能成一直線，而必須呈 90 度角。

也就是說，翡翠必須是在 90 度的彎角處。筆燈光源是打橫向，而觀察的眼睛是在另一個 90 度的位置，

筆燈光源、翡翠跟眼睛必須呈 90 度角

只有這樣，才能輕易的看到翡翠內部的紋脈，以及內含瑕疵等。

如果光源、翡翠跟我們眼睛呈一直線的觀看，那麼強光光線的直射，不僅無法看清翡翠內部的紋脈及內含物，而且還會傷害到眼睛，不可不慎。

小結

總的來說，無論買珠寶還是買翡翠，首先自己一定要具備一點專業的知識，那個知識至少在觀察翡翠顏色、透明度、光

澤度及乾淨度部分，逐一檢查，完全不要陷入賣家使用的商業名稱等陷阱。

　　一旦認準想要購買的翡翠，請先評估自己預計購買的金額，再去詢問賣家銷售的價格，賣家在銷售過程的話術，當做聊天聽聽即可，切勿當真，整個過程就是要掌握主動權，守住自己的底牌。

　　除非你是很專業的買家，否則在一知半解的情況下，我會建議，當金額超過 10 萬以上的翡翠，就應該要善用「珠寶鑑定所」。

　　現在不同於過去資訊不對等的時代，只要是超過 10 萬以上的高單價翡翠，如果自己本身沒有專業判斷的能力，擔心買錯翡翠，我建議消費者可以請賣家將翡翠物件送往你指定的珠寶鑑定所，待專業人員鑑定後，聽其結果再決定是否購買，這絕對是一個百分百能降低買錯、買貴的風險之一。

花輪哥不藏私

買翡翠銀貨兩訖，交易時一定要看清楚

　　翡翠買賣交易成功，都是在雙方愉快且滿意的氛圍下完成的，通常在這樣的氣氛下會隱隱帶有一些「衝動」的意味，意思就是買方檢查商品的程度不會太細膩，而只關注在佩戴時是否美麗。直到交易完成後，衝動冷卻了，才來仔細觀察當初所買的翡翠商品。

「咦？這裡怎麼有一條紋？買的時候沒看到有黑點啊？」此時才發現問題逐一浮現，但事實上，事後才發現這些瑕疵的存在，根本於事無補，因為一只價值 1,000 萬元的翡翠手鐲，如果被發現有裂紋，大概就只剩下 5 萬元的價值了。而這是買家最怕出現的狀況。

　　換位思考，賣家同樣也怕出現這種情形。如果在交易過程中，若賣家能巨細靡遺的解說翡翠商品的品質狀況，同時也要買家自己仔細檢查清楚，在雙方確認無誤後才銀貨兩訖，如此是不是就不會有機會發生商品出售後才發現裂紋的責任歸屬？

　　珠寶市場曾經發生的一案例：
　　有對姐妹自珠寶店買了一只翡翠手鐲，不到一個月的時間回到珠寶店要求換貨，原因是購買時沒發現手鐲上有裂紋，因此認定所購買支付的金額太高了，要求退錢或換一只品質更高的翡翠手鐲。珠寶店當然不肯，聲稱這只翡翠手鐲在銷售時根本沒有裂紋，而拒絕做出任何的補償。

　　兩姐妹非常生氣心有不甘，自此以後天天到珠寶店門口站崗，只要有客人進入珠寶店前，兩姐妹就會告知客人，珠寶店賣的商品有問題，幾次以後，珠寶店完全崩潰，最後退錢了事。

　　這個故事的受害者是誰？沒有人知道，但唯一知道的是，他們之間的交易缺乏第三方的鑑定證書。

　　有經驗的翡翠行家在過手的時候，彼此間都不會有「手過手」的移動翡翠商品，要將翡翠轉交給對方時，會先把翡翠商品擺放在桌上，再由另一方自桌上取走，而不會直接交給對方，主要就是要清楚的進行責任歸屬，避免翡翠在手過手的移交下，不慎掉落地上。這些都是翡翠交易時的眉角。

買翡翠沒有捷徑，唯有多看練眼力

我個人認為，買對翡翠沒有捷徑，就是要花時間多看多比較，鑑賞「細胞」自然就會跑出來，在對翡翠品質有了概念後，也就能很快的掌握價格的方向。

但問題是，大部分買珠寶的客人都沒有耐心多逛幾家，往往用很少的時間或只停留在一家珠寶店裡就決定購買了，這樣很容易就陷入情境式的購買，失敗率當然也會高。

其實這就跟買房子的道理一樣，當房屋目標出現後，一定要常常去看，看地點、看外觀、看左右鄰居，甚至白天晚上都要分別去看一次，如此才能完整了解屋況，把有可能會出現問題的機率降到最低。

喜愛翡翠的買家，除了到珠寶店購買外，我建議，也要花時間逛逛台灣的假日玉市、珠寶展，如有興趣也可前往國外的珠寶展、玉器展銷會等。因為看珠寶展跟逛玉器市場是在訓練眼力，當眼力訓練到一定程度後，對價格也相對的有概念了，而且在這些場所也才有機會見識到「頂級」的翡翠商品，有了機會多看才會懂得如何比較，如此才能一窺翡翠的優劣究竟！否則，被牽著鼻子走的結果是只能照單全收，買錯的苦就要自己吞了。

最後，買家一定要在翡翠的交易上採取主動權，我說的主動權就是自己來掌握全局，當你多看就一定會了解翡翠，如果不想陷入任何情境式購買，還是要從培養自己的專業開始。

6

聰明買賣——購入的翡翠哪裡賣？

我在前面已經提過，過往的歷史經驗告訴我們，翡翠因為獨特的美麗性與稀有性，翡翠永遠都在漲價，即使金融風暴期間它也沒有跌過價，未來一定還有極大的增值空間。

但如果真的需要轉讓，應該賣給誰比較好呢？任何人都一樣，當我們是買方時怕買貴，換成我們成為賣方時也擔心賣便宜了，所以，翡翠買了之後又該賣給誰？怎麼賣？我將在下面特別說明。

很多上節目的來賓常問我，當翡翠的市場行情值 100 萬元的時候，要如何賣掉？

以現階段來說，賣給有需求的朋友或賣回給原來的珠寶店是唯二選擇，但是未來應該可以借助網路或通訊軟體的平台來出售手中的珠寶。

■買家 1：珠寶店

賣回給珠寶店仍是目前最簡單的方法，因為珠寶店是長期的在地經營，他們積累了一定的顧客群資料，自然就有銷售管道。

　　但是另一方面，珠寶店有自己固定取貨的上游批發商，他們跟批發商取貨，一是無須擔心商品的來源問題，二是可以在多量的商品中，選擇符合顧客需求的商品，三是珠寶店與批發商的往來，大都有雙方談妥的付款時間，或是採用寄賣的方式。

　　珠寶店具有這些貨源的客觀環境下，顧客手中的翡翠想要賣回珠寶店的機率就會變小，除非賣回的翡翠正好是另一位顧客想要購買的商品。

珠寶店有自己固定取貨的上游批發商

要不然就是你的翡翠品質是屬於通貨類商品，珠寶店認為可以快速找到下一位買者時，這時珠寶店會將你的翡翠珠寶大大的打一個折扣，至少這個折扣數要比珠寶店向上游批發商購入的折扣數還要大，如此珠寶店才有意願向你買回。

只不過，珠寶店提出的金額，端視消費者願不願意接受的問題了。

■買家 2：朋友群

如果朋友間正好有人中意你的翡翠或正在尋找類似的商品，你可以請他先上珠寶店比比價格，只要你願意賣得比珠寶市場開出的價格還要低些，那這是賣出的最好方法。

只是大部分的顧客都會礙於面子，不好意思主動詢問朋友，所採取的被動模式會降低出售的機率。

■買家 3：網站

拍賣網站是一個近十年來頗為風行的銷售管道，而近兩年來，臉書的社群網站則是另一個新興的珠寶銷售管道。就我的經驗，確實有許多消費者在社群網站賣出了自己的翡翠，重要是，售價離自己的期望值不算太遠，我想這又是另一個有效的新方式吧。

PART 5

不能說的祕密
鑑定所與鑑定證書

引言

前陣子，我受到許多電視台的邀約，上節目為來賓鑑定翡翠珠寶，對於我的鑑價結果，有的來賓感到高興，但有的來賓卻是失望的，當然，我不會以因為來賓是否滿意的價格，作為我鑑價的結果，我唯一憑藉的，就只是我的專業而已。

在本篇開始之前，我先說一個真實的故事。

某日，一位雍容華貴氣質出眾的女士，手持 6 件翡翠來所裡鑑定，鑑定完我也向她一一解說，結果她告訴我，她今天除了來鑑定之外，主要還想找我聊一件事。

她說她是長期住在美國加州洛杉磯的華人，二十年前兒子娶媳婦，為此，她當年特別返回台灣購買 30 萬元上下的翡翠手鐲，送給媳婦作為禮物，同時也加買了一只手鐲送給了女兒。

「一年前，女兒在一個餐會上聽一位開珠寶店的友人說，她那支手鐲價值有 150 萬元，並詢問是否願意割愛，唯一的條件是要先送來鑑定。過了兩日，女兒送來鑑定取得鑑定證書，之後就把翡翠手鐲賣給了開珠寶店的朋友。

8 個月前，兒子偕同媳婦到美國旅遊來看我，還跟我們一塊到舊金山漁人碼頭、黃石公園等地旅行，期間媳婦多次跟我談及手上的翡翠鐲子，可以看出媳婦跟我談及這事時，心裡非常高興。

兒子媳婦回到台北後，就在兩個月前的某一天，媳婦到東區逛街，逛著逛著進入一家珠寶店，在愉快的氣氛下談及媳婦手上的鐲子，店家也說了近乎相同的話，也要求要取得鑑定證書；媳婦心想這是婆婆送的不能賣，但也想知道手鐲的價值為何，因此也來了鑑定所鑑定。

　　沒想到鑑定的結果是一支經過酸液處理的B貨翡翠，兒子告訴我，媳婦當下幾乎暈了頭，心情壞到了極點，回到家裡連續數日悶悶不樂，不愉快的心情漸漸開始蔓延到兒子身上，接

礦業國家標準技術委員會委員的聘顧證書

著也開始向兒子抱怨我偏心，故意以次充好欺騙她，甚至傷及媳婦與女兒的情感關係。」

她接著說：「我這次回台，就是要將我多年存留的翡翠物件做一個確認，並在其中選一件補送給媳婦，希望藉此平息這次的紛擾。不過……唉……一言難盡……」

我看著她落寞的神情，心裡也盡是不捨與同情，雖然我在鑑定所內聽過無數購買翡翠受騙的故事，但是這一件還真的有些令人感傷。最後只見她自座椅起身說了一句：「誰知道當初的好心好意，如今卻被誤會成這種結果，早知道，不買不送，不就什麼事都沒了嗎？」

這個令人傷感的真實故事，一直在我的鑑定所裡流傳著，然而我對此事的看法是，當時如果這位女士能將手鐲送到第三方公正的鑑定所鑑定過，今天就不會發生這樣遺憾的事了。

長期以來的珠寶交易，都是在買、賣雙方資訊不對等的情況下進行著，致使買家買到假貨、品質低劣，或是買得太貴等糾紛狀況頻傳。

二十多年前，寶石資訊的來源相當有限，甚至難以取得，一般民眾對寶石相關知識處於相對封閉的狀態。然而隨著網路等媒體盛行，與珠寶玉石有關的知識愈來愈普及，加上這幾年來寶石鑑定節目的播出，就連婆婆媽媽們都可以長期鎖定寶石鑑定節目，朗朗上口基本的珠寶玉石知識，有些消費者對翡翠知識的豐富性，甚至比店家有過之而無不及呢！

不過，話雖如此，在這淺薄、有限的知識下，仍然有許多民眾會有「看走眼」的情況出現，花了冤枉錢買錯了東西。

翡翠玉石類的價值都不算低，如果自己沒有十足的把握，我建議還是找一個值得自己信賴的寶石鑑定所，事先鑑定真偽及品質，雖然必須多花一筆幾千元的鑑定費，但能買到的永久保障絕對是值得的。

猶記一位剛剛進入珠寶業的從業珠寶商跟我說：「有位顧客到我的店裡，想要購買鑽石，問了一些鑽石的價錢後，卻反問我，他的親戚朋友，最近也買了一個鑽石戒指，並附了鑑定證書，上面登載的淨度跟顏色等級都和剛剛所問的差不多，可是，為什麼親戚買到的價格卻比你這兒報的價格要便宜將近5成呢？」

事實上，鑽石的等級與價格有一定的對應關係，簡單的說，鑽石是有固定國際價格的行情。既然有了固定國際價格行情，為什麼還有人可以僅用5成的價格買到同等級的鑽石呢？對這樣的事件，我僅僅用聽的，就可知道這種情況的答案只有一個，就是親戚所購買的鑽石與珠寶店提供給他的鑑定證書必定不符合，也就是說，一定是鑑定證書出了問題。

在這篇裡，我想跟大家分享珠寶鑑定的生態，讓大家明白珠寶業者與珠寶鑑定師之間的依存關係與發展狀態，以及鑑定證書暗藏的玄機，希望可以讓讀者少走一些冤枉路。

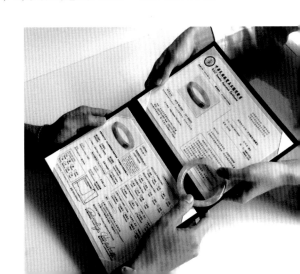

購買翡翠、鑽石或任何珠寶，要求店家送往公正第三方鑑定所鑑定，並取得鑑定證書是必要的程序之一

1

鑑定所的公平與公正——
是「專家」還是「莊家」？

　　我在電視鑑寶節目上公開鑑定資訊與價格後，居然有打著珠寶公會理事長名義的利益團體，指責珠寶鑑價節目會擾亂珠寶交易市場的荒謬言論，甚至夸夸其言的說，珠寶鑑定師不應進行珠寶鑑價的工作……。

　　一件珠寶的交易，會介入的只有三方：買方、賣方及鑑定方，你認為價格該由哪一方來鑑定？

　　賣方希望成交價格高，買方希望成交價格低，而第三方的鑑定所，一是它立場超然不介入、不影響買賣雙方的交易；二是它具有專業的鑑定素養；三是它了解市場交易機制的根本取決於寶石的品質，所以，惟有鑑定方做為價格鑑定單位，才會合適及公正。

　　然而，國內珠寶鑑定所與珠寶店的相互關係一向諱莫如深，其中的盤根錯節，絕對是外人無法看透的。珠寶鑑定所如果真的要在鑑定業務上做到不講人情、立場超然，是會很容易受到珠寶業者的排擠，因此想要永續的經營實屬不易呀！

球員兼裁判，這樣的鑑定所會有公信力？

珠寶鑑定結果往往關係著一件珠寶的交易能否成功，影響的是低則數十萬元，高則數百萬元的案子，因此可見，珠寶業者對於珠寶鑑定與鑑價會如何的關注了。

要談珠寶鑑定所是否優秀或是否公正，就要先觀察珠寶鑑定所是否擁有百分之百的「獨立自主」立場。

事實上，一間專業、公正的鑑定所，是不應該也不能夠與珠寶業者掛靠，甚至連走得太近都可能會遭人非議，看看世界知名的鑑定所，哪個不是秉持這個最基本的原則作業。

就以 GIA 為例，GIA 除了教學與鑑定業務外，完全不經營任何珠寶買賣業務，當然也更不可能跟珠寶業者有任何暗藏的業務往來，這也就是珠寶業者的奶水，永遠不會成為 GIA 生存的條件。

我認為執行珠寶鑑定工作，是要對珠寶交易的買、賣雙方負責；所以如果鑑定所與賣方掛靠太近，一定會有人情包袱關係，結果必然無法做到公正公平，試問該如何面對付出金額，歡心購買珠寶的買方呢？我個人從事珠寶鑑定 21 年來，實在做不到這種無法令我自圓其說的兩面話，因此一直以來，我都嚴格要求自己以及我所裡的從業鑑定師，絕對不允許與珠寶業者有任何的掛靠，即使只是被邀請成為珠寶業者的顧問都不准許。

魔鬼的誘惑，不掛靠，鑑定所很難存活

然而不跟珠寶業者掛靠或合作的結果，就是珠寶業界不但不會提供任何資源給你，甚至還會一起封殺你。這對於一所剛成立，又滿懷公正公平理想的珠寶鑑定所來說，光是面臨沒有珠寶鑑定業務進門的窘境，就是一大考驗了。

21 年前，我剛成立鑑定所時，大概每個月都會有珠寶業者來找我，希望跟我職掌的鑑定所合作。所謂的合作，就是針對珠寶的鑑定內容，多多少少要依照業者的需求來登載，業者當時是這樣說的：「只要鑑定書開得好，珠寶業者就能賣掉珠寶，買家看著鑑定證書的等級就會買得高興，而鑑定所又有鑑定費用的收入，這豈不是三方皆大歡喜的事！」

公正的立場與專業的技術是珠寶鑑定所基本的條件

聽起來的確很簡單，但是要我做起來卻很困難，當時我連想都沒想就立即回絕。21年來我從未同意這樣的合作，時至今日一次也沒有過。

網路崛起，珠寶買賣雙方資訊開始對等

1991年，我自美國返台開設美國國際寶玉石學院（GII），當年在台灣開班授課，因為市場大量的需求，GII的課程班班客滿。

到了1994年，我感覺到珠寶市場上有珠寶鑑定的需求，也開始成立中華民國珠寶玉石鑑定所（GGL），當時成立的基本宗旨，就是要完全獨立自主，我的鑑定結果，必須對買、賣雙方負責任。

2000年開始，網路對珠寶業漸漸出現了影響，慢慢地，消費者對珠寶的資訊來源廣增，珠寶業者與消費者之間的資訊不對等現象逐漸消失。

到了2012年末，我在一個機緣下進入電視台節目，除了協助來賓鑑定鑑價外，更是透過節目將珠寶鑑定知識與技術，陸陸續續傳播給消費大眾，從電視節目的高收視率來說，珠寶知識確實已經日漸普及到了社會大眾。

6招判斷值得信賴的鑑定所

為什麼國外GIA鑑定機構鑑定出來的結果，全世界都可

以信賴呢？有人說因為他有國際級的公信力！這個回答雖然正確，但是還不夠完整。

　　美國的聯邦貿易法規有嚴格的法條規定，珠寶商在與消費者交易珠寶的過程中，資訊必須完全透明化，第三方的鑑定所更要秉持著公平公正的態度，將專業技術的鑑定結果，公開透明的呈現在鑑定證書上。如此一來，當然不會有鑑定所與珠寶商掛靠的關係了。

　　因為有了完善法律規範的環境，GIA 自然會把鑑定資訊透明與公開，所以才能具有相當高的公信力。我覺得台灣就應該創造一個這樣的珠寶鑑定空間，才有可能將珠寶鑑定這一塊做出一番局面。否則，鑑定所與珠寶業者靠得太近，結果只能仰賴珠寶業者的鼻息生存，那麼最終，珠寶消費者的權益自然不可能獲得保障！

　　以下我提供 6 個簡單方法，協助讀者判斷，你所挑選的鑑定所是否值得信賴。

■第 1 招：是否為珠寶公會成員或顧問

　　立場公正的珠寶鑑定所，是不會經營或介入珠寶的買賣業務。執行珠寶鑑定工作與珠寶買賣的業務，可說是完全不相關的兩種行業，所以絕不會是同一公會或協會的會員。再者，倘若珠寶鑑定所是沒有加入任何以珠寶店為主的公會或協會的會員，卻受邀成為珠寶公會或協會的顧問，這兩種情況都會令珠寶鑑定所很難甩脫人情的包袱，那麼也就很難不介入珠寶的買賣交易。

　　我們知道各縣市珠寶公會的組成分子都是珠寶買賣業者，

如果鑑定所或鑑定師擔任珠寶公會的顧問，那麼珠寶業裡的買賣業務是不是也要「顧」一下呢？在「人情」的壓力或包袱下，試問「顧問」身分的鑑定所或鑑定師，你能全身而退嗎？

■第2招：是否有珠寶店進行「友善連結」

一所獨立經營的鑑定所，在現在網路發達的情況下，一定擁有自己的網站，所以上網搜尋是最容易的方式。

找到珠寶鑑定所的網站就點選進去觀察，前面說過，獨立公正的鑑定所絕對不可以跟任何珠寶店掛靠，或是自身有任何珠寶買賣的行為。

如果你在鑑定所的網站上發現有其他珠寶店的網站友善連結就要注意，甚至網站內就有翡翠玉石商品展示及清楚的售價，這充分代表鑑定所自己也在買賣珠寶，試問這樣的鑑定所，球員兼裁判，你期望它能做出公正客觀的鑑定結果嗎？

■第3招：B貨翡翠開不開證書

曾經有人問我，如果送鑑定的珠寶，是假的或是B貨翡翠，你們所裡會開鑑定證書嗎？我的答案是「當然會」。

執行珠寶鑑定，就像醫院幫病人做健檢，是什麼結果就該開什麼檢驗報告單；所以珠寶鑑定結果為何，只要完整的據實以告即可，不知為何需要避諱，有什麼不敢講的原因呢？

消費者想找公正獨立的鑑定所，只要先打電話向鑑定所詢問：「如果鑑定結果是假的珠寶或B貨翡翠，你們會開證書嗎？」回答結果是「不開」，消費者的心裡自然有數了。

■第 4 招：一分錢一分貨，收費便宜不見得就是好

中國大陸旅遊開放，不少民眾到大陸旅遊，會因為各種原因購買翡翠玉石回來，這些翡翠玉石也可能附帶所謂的鑑定證書。其實，中國大陸一張鑑定證書大約是人民幣 20 元，試想，如果一張證書只要人民幣 20 元，這些鑑定單位有能力使用優良的儀器來做鑑定嗎？能夠聘雇專業鑑定師來做鑑定嗎？

如果鑑定所的收入不足以支付硬體採購、維護，軟體研究與人事等費用，那麼這個鑑定所鑑定出來的結果，絕對會受到質疑。

■第 5 招：審視鑑定證書是否有官方網址、電話與地址

對消費者來說，想知道珠寶業者提供的鑑定證書有沒有問題，首先鑑定證書上，一定要登載鑑定所的官方網址、電話號碼與詳細地址這三項資訊。

有些鑑定證書上沒有登載以上這三項資料，或是只有其中的一、二項，這樣的鑑定證書連歸所都沒有，試問這張證書從哪裡來？

■第 6 招：是否曾協助各地方法院、警政單位、國稅局等政府官方機構鑑定

台灣經濟愈來愈富庶，購買珠寶已成為人民生活中的一部分，可是交易上的資訊不對等，也讓珠寶買賣糾紛愈來愈多，因而鬧上法院求取公道的事件也不在少數，系爭糾紛又以翡翠玉石的買賣為最大宗。

對於專業的珠寶鑑定來說，法院都是委外處理，再憑著委外鑑定所的鑑定證書作為斷案的依據。各級法院所能委託的各類鑑定單位，都是經過一定方式的遴選，被委託鑑定的鑑定所必定具有一定的公信力。

　　國稅局經常為了課徵被鎖在銀行保險櫃裡的珠寶遺產稅的價值該如何訂定而煩惱，所以他們經常要委託並會同專業的鑑定所進入銀行鑑定並鑑價；國稅局自有一定的標準，來選擇一所能夠鑑價客觀又專業的珠寶玉石鑑定所。

　　要選擇值得信賴的鑑定所，先進入他們的網站，審視看看是否曾協助地方法院或國稅局鑑定見價的鑑定所，也是讀者可參考的方向之一。

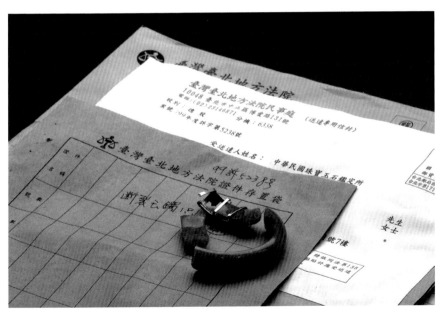

台灣各級法院所能委託的各類鑑定單位，都是經過一定方式的遴選，有一定的公信力

2

善用鑑定所——好的鑑定所，讓你買對不買貴

雖然鑑定所的品質參差不齊，但是只要慎選鑑定所，一樣能為自己購買的翡翠珠寶提供較高的保障。

雖然前面有提到，但我還是要再講一次這個案例。

有一次地檢署請我去做鑑定人，到了現場，就看到告訴人跟被告人兩人爭執不休。

檢察官先問他們兩人問題，我坐在一邊等。我聽到兩人在爭論價錢的問題，只聽到告訴人也是買方說：「被告賣給我的價格是市場行情價格的 20 倍，我認為他詐欺於我，所以我才告他」。

那個賣方，也就是被告立即說：「價錢本來就是隨人開的，我開了價、他還價，最後我們是在相互同意的情況下，他才花錢買的。」

檢察官聽完想了一會兒，就對被告說：「所以你的意思是，市場上沒有行情的嗎？」

被告篤定地回答：「沒錯，本來就沒有行情。」

只不過檢察官雖然年輕卻很有經驗，他立刻問：「如果沒有

行情，請問你進貨時的依據是什麼？難道一個 5 千元的東西你會花 50 萬元去買嗎？所以，顯然價格有一定的範圍，怎麼可能會沒有行情呢？」

事後聽說，雙方退貨還錢，和解了事。

其實類似的案例層出不窮。回過頭來看這個案例，要避免這個事件再發生，最好的方法，就是當初交易的當下，就應該一起送到鑑定所去鑑定鑑價，如此就不會出現在法院對簿公堂的窘困局面了。

早知如此，買賣時就先找鑑定所

再說一件也是我受邀前往法院鑑定的案例：

在法庭準時開庭後，同樣一開始也是告訴人與被告爭論不休，而兩造爭的依舊是價格問題。法院邀請我當鑑定人，原本是要鑑定系爭翡翠的金額是多少行情？但當輪到我上場鑑定時，看了系爭物件以後，我告訴檢察官：「這系爭物件是假的。」

當下，檢察官聽了傻住，「什麼？假的？假的還要吵成這樣？」

而告訴人生氣的質問被告：「這個是假的，你怎麼可以賣給我？」

被告回說：「什麼？這個是假的嗎？」然後把東西拿來一看，接著說：「這個不是我當初賣給他的翡翠！」

事情到此，儼然是開始了一場羅生門。

　　整個事件的交易過程，只有告訴人與被告兩人最清楚，現在卻要一個完全沒有參與當時過程的檢察官，來評判這兩人誰說的是真話。站在檢察官的立場，他無法憑任何單方的說詞來決定，當然只能看證據來斷案。

　　現在我鑑定的結果是假的，而被告也當場否認眼前這件東西是他當初賣出的那件，問題又回到告訴人，也就是買方身上，如果他要繼續打這場官司，就要想辦法舉證眼前這個物件就是他當時買的那一個。

中華民國珠寶玉石鑑價證書
R.O.C Jewelry Appraisal Certificate

本證書內容分析、判斷與結論
均由中華民國珠寶玉石鑑定所
以專業的珠寶鑑價能力所完成

鑑價日期：2015.08.12　　　鑑價編號：JA15081163556

鑑價物件名稱：天然綠色A貨輝玉

尺寸－7.83x7.83x1.09cm　　透明度－透光

重量－61公克 Grams　　　顏　色－淺綠中灰色/
　　　　　　　　　　　　　　　　　深綠色/白色

備註說明：

1. 本物件GGL鑑定證書號碼：J15081163556
2. 本物件所有鑑定詳細資料，均已詳載於GGL證書。

鑑價金額　　NT$ 43,000 ～ 51,000元
※本鑑價金額不包括設計、配石及鑲樓飾金，並以新台幣計價。

官方網址：http://www.155.com.tw

地址：台北市忠孝東路四段176之1號7樓
電話：(02)2721-3837 傳真：(02)2721-3873
本所鑑定營業時間：週一至週五10:00am~17:00pm

鑑價說明（使用本估價證書前請詳細閱讀）
1. 本鑑價報告的價格，僅供持有人作為參考之用。
2. 本鑑價報告完全是針對GGL鑑定所鑑定證書的資料，
　 所做出來的鑑定價格範圍。
3. 本鑑價系統，是使用GGL市場平均交易價格資料庫，
　 計算出客觀的鑑價結果。
4. 在不同時間，因市場資料的變動，或是鑑價師的主
　 觀條件不同，可能出現不同的鑑價結果。

我所執掌的「中華民國珠寶玉石鑑定所」已完成各類翡翠珠寶的品質等級訂定。鑑定所也開始依據翡翠品質等級做出「價格」的鑑定報告，此鑑價報告為鑑定界之首創，並成為翡翠玉石交易的重要參考依據

可是這幾乎不可能，因為在當時的交易過程中，並沒有經過珠寶鑑定所的鑑定，到了今日，就成了毫無證據可憑的局面。

老實說，這樣的案子，我沒聽過誰打贏的。所以，如果當時買方願意先請鑑定所鑑定珠寶真偽，也就沒有機會鬧進法院了。

事先找鑑定，如同買個保險，多一層保障

避免這類事情發生，我的建議是：「買方出錢指定鑑定所，請珠寶店上門鑑定。」

我建議買方請賣方將珠寶送去「由買方指定」的鑑定所鑑定，鑑定完成後，確定如賣方所敘述的物件材質、真偽及品質，才付錢交易。

在邏輯上，既然珠寶店要賺錢，自然非常願意跑一趟鑑定所。如果他不願意，以「麻煩」或 「會增加成本」等言語推辭，買方可以主張自己先支付鑑定費，請賣方開收據給你，並請賣方找時間送往買方指定的鑑定所鑑定。

因為鑑定所是買方自己指定的，所以錢由買方支付是很合理的。

珠寶價值動輒數十萬、上百萬元，甚至上千萬都有，相對之下，幾千元的鑑定費用是很微不足道的，這就跟買保險的概念是一樣的，買的就是個「萬一」，沒事自然好，萬一有事也不會求助無門或只能自認倒楣。

既然鑑定費用由買方支付，如果鑑定出來的結果，不是像

店家所敘述的那樣，比如店家當初講的是 A 貨翡翠，結果鑑定出來是 B 貨翡翠，店家就理應支付鑑定費用，更何況翡翠物件還在店家手上。

但是如果雙方已經談好價錢是 10 萬塊，鑑定結果，物件真的是店家說的 A 貨翡翠，消費者就應付款取貨，完成當初買賣的承諾。

這裡有一個非常重要的關鍵，就是「鑑定所一定是要由買家指定的。」。

假設是一個正常的珠寶交易，買方只要先付訂金，訂金猶如鑑定費，要求賣方送往鑑定，在正常情況下，賣方似乎沒有理由，也不會說你指定的鑑定所他就不去。依照邏輯來看，賣方要賺錢，他當然會去；如果賣方不願意，就足以證明這椿交易有所玄機，那就取消交易吧！

3

鑑定證書暗藏的玄機——
鑑定證書真能驗明正身？

　　以往，國內的珠寶鑑定業被人詬病之處，就是造假證書滿天飛。

　　例如，數年前國外開始在鑽石被鑑定後，會將鑑定證書的號碼，用雷射打在鑽石的腰部上，此舉一出，台灣馬上就有 4 家公司表示，可以協助需求者在鑽石腰部上打上他們提供號碼的雷射編號，打一個編號 600 元，洗一個編號 200 元，試問，這樣的雷射編號對買方有效用嗎？答案是「完全沒用」，但是對於想要從中取得不合理利潤的人是非常有用的。

　　另外還有一種現象，就是鑑定所專門為需求者製作他們需要等級的鑑定證書，同時再用雷射機直接在鑽石腰部上打編號，試問，這種鑑定證書有用嗎？答案是「完全沒用」，但只要有利可圖的事，就會有人去做。

不值錢的鑑定證書有 4 種，全部買得到

　　珠寶業界，無論是業者或是消費者，總認為寶石交易時，

只要附帶或索取鑑定證書就是掛保證了，但是對於下列四種狀況所開立的鑑定證書，根本完全沒有意義。

■不值錢證書 1：一張 100 元便宜賣的「印刷證書」

珠寶商要大量出貨同一款式的珠寶商品時，往往會要求鑑定所，以 200 ～ 300 元一張的價格，大量印製該鑑定所的鑑定證書。

事實是，鑑定所根本沒做任何鑑定工作，也沒見過寶石，只是依照珠寶商的要求，在電腦上打字完成，再靠一台印表機大量印製，這種與珠寶商共同欺矇消費者的手法稱之「印刷證書」。當然，我也見過有珠寶商在鑑定證書上，自行印製上國外的地址及電話的「印刷證書」。

■不值錢證書 2：演給你看的「電話證書」

當消費者購買珠寶，需要鑑定證書時，業者會指定熟識的鑑定所，要消費者自行前往，或與消費者共同前往鑑定。

事實是，業者早已事先去電鑑定所，告知需要的寶石品質與等級，屆時鑑定師只要在消費者面前，裝模作樣的完成鑑定步驟，再開立出業者需求的鑑定內容之鑑定證書。整個鑑定，不過就是走個過場而已。

這種鑑定所在形式上做了鑑定後，所開給消費者的鑑定證書，被稱為「電話證書」。

■不值錢證書 3：等你發現再說的「造假證書」

　　雖然有些知名鑑定所，開立的鑑定證書是具有防拷貝的功能，但是現代印刷技術高超，鈔票都能盜印，更遑論盜印鑑定證書。盜印鑑定證書的行為，早已是珠寶業內的醜聞。

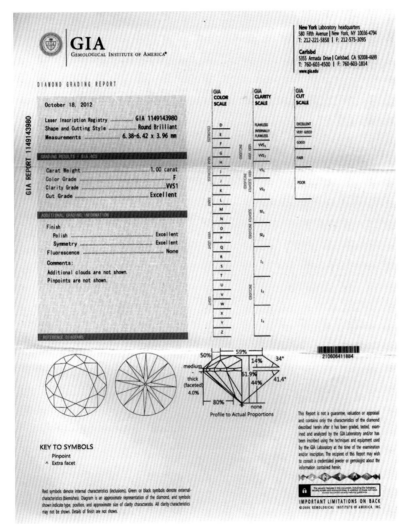

這是一張造假的 GIA 鑑定證書，許多人是無法自己分辨

　　值得一提的，雷射刻字技術也很成熟，在台灣就有好幾家雷射激光公司，提供在鑽石腰部刻字的服務，所以僅以此判別鑽石與鑑定證書的相關性，也不可靠。

■不值錢證書 4：無良業者都在搞的「不實證書」

　　珠寶商選定一顆高品質的鑽石，在不同的時間，送往 GIA 鑑定 10 次，即能獲得 10 張不同編號的鑑定證書，而且在 GIA 鑑定系統登記有案；此時珠寶商再分別搭配 9 顆或 10 顆低品質同重量的鑽石出售予消費者。

　　消費者收到這種證書，即使用證書編號前往 GIA 提供的網站查詢，仍能查到該證書的存在，可是手上所取得的鑽石卻是低品質而不自知。

驗證鑑定證書，一拿到手就要看仔細

　　以下有個真實案例。

　　有位女性消費者向珠寶商購買兩只翡翠手鐲，購買的時候，業者各附上一份中英文對照的鑑定證書，指稱手鐲是「天然翡翠（冰種）」。結果一年以後，其中一只玉鐲嚴重變色，她將玉鐲送交鑑定所鑑定後，被判定是經過酸洗灌膠的 B 貨翡翠。

　　於是該名消費者立即向珠寶業者反映，沒想到珠寶業者竟然以「輕微酸洗是不標中文文字的」，並且告知消費者，他們所附的鑑定證書，就有使用英文文字註明此物件有經過優化

縱使賣方交付的是國外 GIA 的鑑定證書，在交易時也要再次委託專業鑑定所協助確認

（Enhancement）處理，所以以此表示銷售前就已告知消費者而拒絕退貨。

消費者向業者抗議，客服竟說，鑑定書的中文雖僅註明是「天然翡翠（冰種）」，但英文部分則有註明經過優化（Enhancement）處理，所以並未有欺騙的行為。

對此案件，行政院消保官認為，寶石鑑定書形同產品說明書，除非無法用中文解釋，才能以通用英文標示，且產品經酸洗灌膠是重要交易資訊，只以英文註明「經人工優化處理」實在不夠明確，業者若不能舉證說明，本就應讓消費者退貨。

■仔細審閱證書後面的備註

有一次我被消基會邀請至高雄開會，原來是前往新加坡的旅行團團員，在新加坡購買了價值昂貴的祖母綠，回台灣以後才發現全部的祖母綠是人造合成的廉價寶石，紛紛向旅行社提出了抗議，因而鬧到消基會。

在消基會舉辦的會議上，一開始，賣家的律師就說：「在購買時所附的鑑定證書上，已經清楚用英文說這是『Synthetic』，也就是人造合成之意，其他就沒什麼可說的。」賣家律師說完立即離席，留下了一群錯愕的消費者。

有如上述案例，消費者購買珠寶，自己一定要會看鑑定證書所登載的內容，如果真的看不懂，也一定要去找懂的朋友做確認，買珠寶就是要事先做鑑定，這是萬年不變的法則。

我在全省的演講中都以圖說方式，提醒來賓購買翡翠時要注意的事項

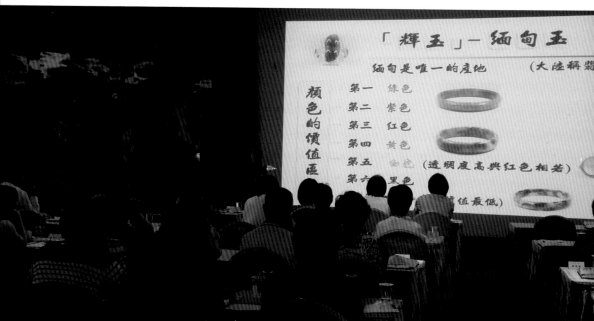

4

鑑定師正夯——鑑定師的崛起與未來

　　隨著寶石鑑定知識的普及化，不少人對寶石鑑定師這個工作感興趣，但什麼樣的人適合成為寶石鑑定師？

　　珠寶鑑定是一個冷門但又非常專業的行業，說冷門是因為，翡翠珠寶並不是每個人的生活必需品，加以一般學校也沒有類似的相關課程，如果想要涉獵這方面的知識，只能找民間辦理的課程去學習。只是課程中要使用的鑑定光學儀器成本頗高，更重要的是授課的寶石標本收集上確實不容易，所以課程的學費自然也就昂貴許多。

　　許多人在學習珠寶鑑定後就想走珠寶鑑定師這個行業，但是如果要選擇在鑑定所工作，是相對困難的，因為台灣沒有那麼多鑑定所可以讓你就業；不過倒是可以去珠寶店或珠寶買賣業的單位，替他們在選購貨源上控管寶石品質，或協助公司對門市人員做教育訓練的工作。

　　在台灣真正經過正規訓練出來的珠寶鑑定師，大概也就 1 萬 5 千人左右，會待在珠寶業界的大概不到 7 千人，但以目前台灣的珠寶店約有 1 萬家以上來看，可見具有珠寶鑑定技術的

從業人員，遠遠不及珠寶店的店數。所以，我認為珠寶鑑定師這個職業，未來還有很大的發展空間。

鑑定師的操守如皇后的貞操？

養成一名成氣候的珠寶鑑定師要花多少時間？事實上，想要成為珠寶鑑定師並不困難，珠寶鑑定課程分為 5 大科系，只要按部就班去上課，一個科系約花 45-50 個小時就綽綽有餘。

只是學成之後，能否成為專業的鑑定師，就必須靠講師的傳承與市場的經驗累積，在養成的前段是靠專業的學習墊基礎，學習完成後的市場經驗累積也是重點。

我不諱言，每個人都會找對自己最有利的立足點來經營事業，有的珠寶鑑定師認為，我只要打短線能賺錢就好，所以選擇與珠寶業者掛靠；但有的人認為要長久經營，所以願意長期建立自己的信用跟商譽，就看鑑定師自己的選擇了。

也就是說，有技術是一回事，但具備這個技術之後，後續的經營行為端看個人。即便是我們所裡出去的鑑定師，我們也只能認定他是一個有能力從事珠寶鑑定的人，但他個人的行為，則必須由他自己負責，鑑定所並不為他個人的行為做背書。

成為專業珠寶鑑定師的四大條件

■ 條件 1：專業的技術

具備寶石專業知識及珠寶鑑定技術，是珠寶鑑定師養成的

基本要件。在專業學校嚴格訓練課程中的學習是奠定穩固基礎，接著才能有效的累積市場上不斷的磨練。寶石界中絕對不會有兩顆寶石的內含物是完全一模一樣的，所以學校會準備大量的寶石標本提供給學生實驗，如此才有能力累積達到純熟的專業技術。

學會儀器操作只是基本，「實務判斷」的功力才是最終的學習目標

有個學生到我們鑑定所上課，他說他曾經去其他補習班學習珠寶鑑定，結果只學到如何操作儀器。然而，鑑定珠寶如果只單靠儀器，那麼任何儀器公司都能來做鑑定，難道鑑定師只要學習如何判讀就好了嗎？當然不是，畢竟判讀結果最後還是要回歸到正統的珠寶鑑定。

簡單的說，學習珠寶鑑定，就是要能一眼就判斷出寶石真偽及品質，「實務判斷」的功力才是最終的學習目標。

■條件2：時時求取新知

珠寶鑑定學簡稱「寶石學」，而整個寶石學更是一項應用

科學。它涉及到礦物學、物理學、化學與光學，因為寶石的顏色、透明度、光亮度甚至內含物都跟這些學問息息相關，因此這些相關學科，也是一位珠寶鑑定師應具備的基本要件。

由於寶石學日新月異，每天都可能有新的礦脈被發現，新的合成技術被研發成功，或新的優化處理上市了……這些新知識與新訊息，是一個專業鑑定師必須隨時關注、時時求取的。

■條件3：了解市場行情與趨勢脈動

珠寶鑑定師在跟顧客講解寶石時，除了針對寶石的真偽及品質來敘述外，還要對珠寶市場的趨勢脈絡瞭若指掌。

例如，緬甸翡翠原石的動向？翡翠漲價的理由？鑽石為何會跌價？為何只有鑽石有價格表？諸如此類的市場訊息，鑑定師都必須能夠跟上市場的腳步。

翡翠的價格有漲無跌，無論投資與收藏，現在正是時候。

真正好的珠寶鑑定師，不是坐井觀天只會滿嘴談論地質學、礦物學、光學等學問，而是要能夠談論我們身邊正在發生的珠寶市場動態。珠寶鑑定師是需要常常到世界各地的重要礦區、國際珠寶展觀摩，甚至要知道全世界有那些重要的製造人造合成寶石的公司，然後想辦法與他們取得聯繫，索取相關的資訊等等。以上每一

項，都是一位專業珠寶鑑定師最該培養的軟實力。

■條件 4：不斷掌握各類寶石的價格

一位專業的珠寶鑑定師是要隨時隨地掌握市場脈動，更要掌握寶石的市場價格，寶石價格的依據來自寶石的材質與品質，珠寶鑑定師的能力就是區分各類寶石的材質與品質的優劣，當他進入市場觀察了各類寶石市場的交易機制，自然也就能掌握各類寶石的價格趨勢。

另一方面，寶石價格也受制於供需的影響，對於市場動脈深入剖析的珠寶鑑定師，自然也就知道各類寶石價格該如何隨市場的供需而調整了。

綜合本書在前面章節所敘述的，我希望讀者在購買翡翠寶石前，一定要先具備基本的專業知識；無論這知識是從書本或網路上取得，或是鎖定寶石鑑價節目中的鑑定說明，都可用來提高自己在這方面的認識，讓你從一個完全不懂寶石學概念的人，慢慢建立起正確的觀念。

雖然不是看過一次就能學會，但只要肯花時間去看去閱讀，就一定能夠降低自己買錯買貴翡翠的風險，甚至還有機會購買到上等的高檔翡翠。

最後，我要跟讀者再次的提醒，那就是：「翡翠的價格有漲無跌，無論投資與收藏，想要出手購買，任何時間都是時候。」

高寶書版集團
gobooks.com.tw

RI 296
花輪哥帶你買翡翠：國際珠寶鑑定大師首傳翡翠鑑定、選購、投資全套心法

作　　　者	黃傑齊（花輪哥）
總 編 輯	陳翠蘭
編　　　輯	葉惟禎
錄音整理	我是角色
校　　　對	葉惟禎、洪春峰、蘇芳毓
排　　　版	趙小芳
美術編輯	林政嘉

發 行 人	朱凱蕾
出　　　版	英屬維京群島商高寶國際有限公司台灣分公司
	Global Group Holdings, Ltd.
地　　　址	台北市內湖區洲子街88號3樓
網　　　址	gobooks.com.tw
電　　　話	（02）27992788
電　　　郵	readers@gobooks.com.tw（讀者服務部）
	pr@gobooks.com.tw（公關諮詢部）
傳　　　真	出版部（02）27990909　行銷部（02）27993088
郵政劃撥	19394552
戶　　　名	英屬維京群島商高寶國際有限公司台灣分公司
發　　　行	希代多媒體書版股份有限公司/Printed in Taiwan
初版日期	2015年9月

國家圖書館出版品預行編目（CIP）資料

花輪哥帶你買翡翠：國際珠寶鑑定大師首傳翡翠鑑定、
選購、投資全套心法/黃傑齊著．-- 初版．-- 臺北市：
高寶國際出版：希代多媒體發行, 2015.09
　面；　公分．--（致富館；RI 296）
ISBN 978-986-361-193-6（平裝）

1.玉器　2.珠寶鑑定

486.8　　　　　　　　　　　　　　104014428